大美南江

——游光雾仙山　品南江黄羊

DAMEI NANJIANG
YOU GUANGWU XIANSHAN
PIN NANJIANG HUANGYANG

秦远清◎主编

 四川大学出版社

特约编辑:高邃远
责任编辑:梁　平
责任校对:林鹏飞
封面设计:墨创文化
责任印制:王　炜

图书在版编目(CIP)数据

大美南江:游光雾仙山　品南江黄羊 / 秦远清主编.
—成都:四川大学出版社,2014.10
ISBN 978-7-5614-8142-4

Ⅰ.①大… Ⅱ.①秦… Ⅲ.①山-介绍-南江县②黄
羊-介绍-南江县 Ⅳ.①K928.3②S826.8

中国版本图书馆 CIP 数据核字(2014)第 255501 号

书名	**大美南江——游光雾仙山　品南江黄羊**
主　编	秦远清
出　版	四川大学出版社
地　址	成都市一环路南一段 24 号 (610065)
发　行	四川大学出版社
书　号	ISBN 978-7-5614-8142-4
印　刷	四川盛图彩色印刷有限公司
成品尺寸	185 mm×250 mm
印　张	11.5
字　数	214 千字
版　次	2014 年 12 月第 1 版
印　次	2014 年 12 月第 1 次印刷
定　价	52.00 元

◆读者邮购本书,请与本社发行科联系。
电话:(028)85408408/(028)85401670/
(028)85408023 邮政编码:610065
◆本社图书如有印装质量问题,请
寄回出版社调换。
◆网址:http://www.scup.cn

大美南江

顾 问：刘 凯　李善君　郭治中　杜纯裕
　　　　万 林　艾南山　刘 尧　王维春

主 编：秦远清

副主编：尹 怡　陈晓初　符 忠

成 员：王 郑　张国俊　陈 勇　徐宁忆
　　　　岳 巍　刘远金　何兴隆

图片提供：
　　　　陈家军　易 航　刘 敏　饶志刚
　　　　杜全才　陈 瑜

游光雾仙山 品南江黄羊

大美南江

自然·人文·民俗·物产

前言
Preface

　　光雾仙山，蜀门秦关；巍巍轩辕，凛凛峻颜。

　　雄踞米仓南麓，横亘四川北缘。

　　北观三秦灯火，南瞰蜀都虹光。

　　回眸千年历史，南江这块神奇的土地，我们的先祖生息繁衍、辛勤劳作，不仅享用着天赐之秀美山川，更创造了灿烂辉煌的文化。勤劳智慧的南江人，有着闲逸时光里的怡然自得，也有着历经磨炼而奋进不止的精神气质。山川风情，物华天宝，这方水土孕育着大美的灵气，这里的人们闪现着纯真的情怀。

　　童话红叶国，神画光雾山。"春赏山花，夏看山水，秋观红叶，冬览冰挂。"这是光雾山的真实写照。四时风光，尤以深秋红叶醉层林而激荡人心。光雾山红叶，"亚洲大陆上最大的红地毯""亚洲最长的红飘带""中国红叶之乡"……漫山遍野的红叶，将光雾山装扮成如诗如画的锦卷。这里的枫叶，是欢歌的世界，是激情的天地，是催人奋进的华章……心醉山水，神游其间，让人流连忘返。

　　这片土地，地灵人秀，物产丰饶，南江黄羊、山核桃、富硒茶、金银花、翡翠米……被誉为大巴山里的百宝箱！

　　光雾山之美，美在山川秀丽，美在风土人情，美在人文精神，美在和谐发展。

　　"十年磨一剑，锋芒自逼人。"大自然馈赠的宝贵资源，正成为这片巴山热土——南江县建设旅游名县的有力平台。连续十二届"中国·四川光雾山红叶节"暨"中国·南江黄羊美食节"的成功举办，引领南江旅游及第三产业迅猛发展，也为南江县域经济发展注入了巨大活力。

打造光雾山红叶品牌，历经的是一条由科学发展观指导生态文明建设，以及和谐发展的探索之路。如今，光雾山红叶、南江黄羊美食、巴山风味小吃、南江土特产品，享誉内外，风靡全国。仅南江黄羊赛羊会、种羊拍卖会，已经成为南江红叶旅游、"红色"旅游、生态旅游的增长点。南江旅游产业发展，也正朝着振兴区域经济发展、全面建成小康社会，以及带动川东北地区经济社会快速发展的宏伟目标全面迈进。光雾山正步入国内外高品质休闲观光、养生、度假旅游目的地行列。

光雾山的红叶是金秋最华丽的赞美诗。光雾山，盛装演绎了南江人的勤劳、勇敢和热情，展现了沧桑巨变的南江。

"光雾山原生态红叶景观太迷人了！""规模宏大，气势壮观，真是叹为观止！"……凡到南江看过红叶的游客一致赞叹。"九寨看水，光雾看山，山水不全看，不算到四川。""南江黄羊，原汁原味，鲜嫩可口。"这是公众游览光雾山的感言！本书集中展现的是南江自然之美、生命之美、人文之美、精神之美、和谐之美，为您多角度陈述和传递一个已知的和未知的大美南江。如此美景、如此美物、如此美味，您，不去看看，不去领略，不去享用，岂不可惜！

新的历史起点，70万南江人民，正以崭新的姿态，拼搏实干，克难奋进，努力谱写中国梦之南江篇章。

这，也正是本书之寄予。

目
录
Contents

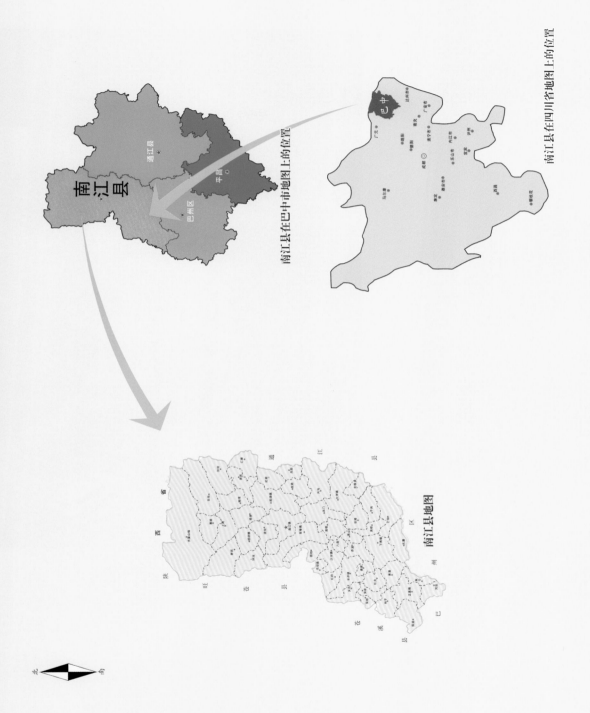

南江区位图

南江县地图

南江县在巴中市地图上的位置

南江县在四川省地图上的位置

游光雾仙山　品南江黄羊

天府南江

光雾山广场

南江，三国故地，蜀道明珠，地处秦巴山地的结合过渡带——大巴山崇山峻岭深处，历史与自然的神奇幻化，留下一片蔚蓝的天空，满山清新的空气，一个云雾缭绕、光幻树影的神奇王国。

南江，被60万亩原始森林、3万亩冰川时期"活化石"——巴山水青冈和2462亩皇柏林所包围。

南江，每年金秋十月呈现出万山红遍，层林尽染的绚丽奇观，还有满山奔跑金色的南江黄羊，幻化出五彩山色和律动秘韵。

层峦叠翠

南江，古蜀文明发祥地之一，蜀汉的马蹄曾在这里过往，这里也曾是巴山游击队的根据地，浸淌着老一辈革命家的鲜血。

南江是五彩斑斓的——这里不仅有蓝、绿、黄、橙、红精彩纷呈的秋叶，更有丰富多彩的景致和文化。南江，是历史的，又是现代的；是静谧的，又是奔流的；是原生态的，又是丰厚的。

来吧，这里有不同于张家界的梦幻，有别于九寨沟的神奇，不让峨眉山的秀丽，还有美味南江黄羊……期待着您的发现，您的沉醉。

云写山韵

巴国故地

　　南江，古属巴国之地，汉为益州之境，建城距今已有一千五百多年历史。梁普通六年（525），因江水难涉，该地被命为难江县。西魏恭帝二年（555）改难江县置盘道县，以"龙腹山道路盘曲"命县名。北周时盘道县仍置，属巴州北水郡。郡、县治所均在今八庙乡。隋文帝开皇三年（583）罢郡为州，置安宁、敬水、平南三郡，余地入州。唐高祖武德元年（618）置集州，以难江县属之。五代前后蜀集州仍置，领难江、大牟、通平（今旺苍县普济镇为治所）三县。北宋太祖乾德五年（967）盘道县并入清化县，大牟县并入难江县。元至元二十年（1283）难江县并入化成县，属四川行中书省广元路（治所在今勉县东）之保宁府（治所在今阆中）巴州。

石钺

石璧

唐代道路修缮石刻

南江县苏维埃政府旧址

明正德十一年（1516）复置南江县，并以"南"易"难"，取南屯河为南江而名之。县治所在今南江镇。清朝时南江县仍置，治所在今南江镇，属川北道保宁府。南江县于民国3年（1914）属于嘉陵道。

南江被誉为"天府南江"，是川陕咽喉，渝鄂邻邦。南来北往的墨客商旅，造就了南江厚重的文脉和厚重的历史积淀。

千年米仓道

自古"蜀道难，难于上青天"，穿越秦岭，自左向右，有陈仓道、褒斜道等四条道路，历史上称为"北栈"。在巴中境内有三条通往汉中与"北栈"相连的蜀道。一为米仓道，二为汉壁道，三为洋壁道。汉壁道和洋壁道实际上是米仓主道的分支，他们共同穿行在大巴山的米仓山脉，其中米仓道最为著名。米仓道是从汉中南郑起，翻大小巴山，过米仓山进入蜀地

千年米仓道

南江县境，穿越南江县境后，可经水路、陆路到达重庆和成都。米仓道是3500年前，由殷代诸侯国"方"（又称"巴方"）的巴人在夏末商初时开通的。由古巴国——今巴州出发，翻越米仓山北坡到达陕西古梁州（后延伸到汉中）的"米仓古道"，是当时唯一的川陕通道，当时叫"巴岭路"，是我国最早的国道。

米仓古道在历史上还留下了多处孔明井，据传孔明井是蜀汉相诸葛亮带兵路过时沿路所凿，井水是沏茶的上等好水，俗称甘露。水井多数隐藏在幽静的树林中，当初是为了防止敌军投毒。如今沙南路皇

米仓古道

柏林中还有几处古井，四季依然清澈见底，冬暖夏凉，饮之甘美。传说用孔明井水沏茶，饮后能让人明目醒脑，平添智慧。因此，当地百姓每逢小孩满月都取来孔明井水为其启智。巴州、集州等地上京赶考书生都会带上孔明井水，路上解渴，也寓意用孔明的智慧获得金榜题名。这种风俗延续至今，每年高考之前，望子成龙的家长们专程取孔明井水为子女沏茶，熬汤祈祷诸葛孔明保佑孩子能考上一所好大学。如今，游人到皇柏林旅游休憩停歇时，喝上一口甘甜的井水，备感沁人心脾。

皇柏幽深

幽幽皇柏林

南江县城西南二十公里沿线（现位于沙南公路两旁），一排排苍翠古柏高高耸立，这就是我国现存三大古柏林之一——南江皇柏林。皇柏林历代均属国有，放眼望去，这些经历了千百年风霜洗礼的古柏依然气宇轩昂地挺立在崇山峻岭之中。据说当年张飞过南江，取巴州，因战乱频繁，道路崎岖，往往误事，为方便向诸葛亮报告军务，张飞便整治道路，以植树标道，后来历代都进行补植，才有了今天的规模。皇柏林中，胸径30多厘米以上的古柏2800余株，最高达50多米，最大胸径为2米多，胸径30余厘米以下的幼树甚多，森林资源二类活立木蓄积量为11551立方米。当你走进这林中，看到的是一幅人与树、古代与现代和谐共生的立体画卷。

断渠古遗址

在南江城东两公里，有一面缓缓的山坡直上云天，当你沿着那327级台阶拾级而上的时候，便能欣赏一步一景的十里断渠了。断渠虽被称作"渠"，但因为当时无水，所以也不算渠，之所以称为渠，是因为一亿多年前的造山运动使地壳裂变而产生的长达十余里的前、中、后三条渠谷。根据对出土的生物化石进行考证，南江断渠是一亿五千万年前中生代侏罗纪晚期四川造山运动时形成的旷世奇观，断渠三面环水，背靠龙山，长达十余里的三条渠谷，全部掩映在一片茫茫林海之中，其间渠谷纵横交错，渠洞相连，怪石倚迭，似禽如兽，鬼斧神工，千姿百态，而且藤萝叠嶂。据20世纪70年代末80年代初的考古发现，早在原始社会，这里就是原始人穴居野外的洞穴和磨石制工具的作坊。第二次国内革命战争时期，这里是

断渠望渠

红军伤病员的休息养疗之地。经过世代人类的居住和改造，断渠石头城已经独具规模。在保存较好的中渠内，处处都可以看到古人曾经聚居生活过的痕迹。岩石间、洞穴里、低洼处、石壁下……凡是可以遮风避雨、搭棚栖身的地方，都可以看见当年古人生活居住留下的寨墙和石刻字迹。诸如"廖广顺寓此""长岭四大房占""地主刘大寿""福兴硐"等。

1995年，南江县人民政府将断渠辟为旅游胜地，并建立了公园，使之成为供人们观光旅游、休息、疗养、文化娱乐和进行科学考察与革命传统教育的综合性文化乐园，目前园林已初具规模。园中三渠纵横，亭廊多姿，飞阁流舟，石径四环。断渠大景规模恢宏，八面玲珑，钟灵毓秀。南门雄风展示了一代巴山人的雄伟气魄；石海洞乡留下了古巴人的生活遗迹；东皋探奇寄寓了百态千姿灵石之趣；"西楼玩月"带你去把酒凌空对月高歌；"鸿蒙幽情"揭示悠悠岁月的人间情愫；"松涛流韵"使你静听无穷天籁大自然的呼声；"琉璃泛舟"，可使你漫游云天，净化心性；信步其间，使你流连忘返。断渠奇观是鬼斧神工天造之物，古今风物在这里融为了一体。

巴山"背二歌"

在这山高水长的千里巴山中，有一支特殊的队伍，他们常年在米仓道上跋涉，他们就是大巴山的背二哥，有人叫他们"背老二"，有一段流传久远的顺口溜生动地刻画了背二哥的形象：

背上背的二架子，手里提着打杵子，脚上穿的偏耳子，腰里插的扇芭子，口里含的烟锅子，肩上搭的汗帕子，歇气唱的山歌子……

千百年来，米仓古道不仅留下了千年的皇家古柏和久远的历史遗存，还留下了国家非物质文化遗产——"背二歌"。遥想当年，盐茶马帮，巴山"背二哥"造就了米仓古道沿途古镇、驿站的繁荣与兴旺。米仓古道盛兴的时候，每天至少有100余匹马、1000多名背二哥从汉中背盐、背布匹或从巴州、集州背火纸、茶叶、银耳来往穿梭于米仓古道。而到了晚上，插着各家商号大旗的马帮在镖局的护送下，伴着叮叮当当的响铃，进驻大小驿站。

如今，伴随着岁月的流逝，一切都已平静，积淀的是斑驳的史迹。只有来到光雾山牟阳故城旅游的人们才能从街边古香古色的土木建筑、泛着岁月光泽的青石板和精美的雕梁画栋，感受到这个古镇昔日的繁华和岁月留下的历经沧桑。

巴山"背二哥"一代又一代翻越巴山，长途跋涉在这古道上的历史已有2000多年了。在这艰苦的行途中，为了加油鼓劲，消除疲乏，背二哥们创造了被列为世界"非物质文化遗产"的《背二歌》：

巴山背夫

山对山，岩对岩
婆娘娃儿穿草鞋
出门一声山歌子
进门一背筷子柴

通江河、南江河，我是巴山背二哥，
太阳送我上巴山，月亮陪我过巴河，

打一杆来唱支歌，人家说我好快乐。

弯弯背夹一张弓，我郎背起上汉中。
别的啥子都不买，花色丝线买两封。
拐把子儿撑郎腰，郎背背架妹心焦。
不是爹妈管得紧，我给哥儿背"复梢"。
弯弯背架像条船，情哥背铁又背盐，
鸡叫三道就起身，太阳落坡才团圆。

一首首朗朗上口的"背二歌"，生动地反映了背二哥的生活；劳动场景和内心世界。北方民歌的粗犷和南方民歌的温婉在巴山《背二歌》中融为一体，体现了巴山人勤劳、质朴、乐观的精神。2006年，巴山《背二歌》被国务院列为第一批国家级非物质文化遗产。直到现在，当你走进米仓古道，仿佛还能听到米仓古道昔日背二哥婉转、粗犷的山歌和马帮渐渐远去的铃声……

革命摇篮

南江素有光荣的革命传统，南江更有辉煌的斗争历史。特别是近现代的农民起义、抗捐斗争、红四方面军的燎原火炬、巴山游击队的顽强拼搏、川北军民的浴血奋战……抒写了一曲曲可歌可泣的动人故事。第二次国内革命战争时期，这里曾是第二大苏区的中心。徐向前、李先念等领导的红四方面军在这里战斗两年多，有2.2万名南江儿女参加红军，其中有1.6万人为革命献出了宝贵生命。走进南江，您将翻开催人奋进的战斗诗篇。

南江"火把节"

1933年农历正月初七，红军解放南江县，从迎晖门进城，全城百姓手举火把，照亮入城道路，欢迎红四方面军。为纪念红军解放南江，以后每年正月初七被定为"火把节"并一直延续至今，迎晖门也因此改为红

红四门

四门。入夜，军民在县城举行了盛大的灯火游艺晚会，军民同欢庆，放鞭炮，吹唢呐，划彩船，踩高跷，挂灯笼，公山脚下欢声雷动，几水河畔彻夜通明。南江是当年第二大苏区，川陕革命根据地的中心之一。如今巴山游击队纪念馆、禹王宫、红四门等革命遗址已经成为重要的爱国主义教育基地。

巴山游击队纪念馆

巴山游击队纪念馆，位于南江县光雾山镇北7公里的铁炉坝村，2003年12月被巴中市人民政府公布为"近现代重要史迹"类文物保护单位，是光雾山重要的旅游景点。巴山游击队纪念馆由厘金局遗址、广场、主题雕塑、巴山游击队指挥部旧址、史迹陈列馆、巴山游击队赵明恩烈士墓、绿化带7个部分组成，总占地面积7300多平方米。

巴山游击队纪念馆

历史的斑驳

禹王宫

禹王宫位于南江县长赤镇，建于清嘉庆二年（1797），为四合院中式砖木结构建筑。山门前壁系镂空青砖，浮雕花卉、飞禽、走兽、喜字图案和张飞锁当阳桥图、白鹤寿星图等，刻工精美，表情生动。1933年红四方面军曾在此建立长赤县苏维埃政府。

资源宝库

南江县地势北高南低，主体气候明显，森林植被良好，物种、出产、地下矿藏丰富，拥有830平方公里原生态旅游景区。包括光雾山·诺水河国家级风景名胜区、米仓山国家森林公园、光雾山国家地质公园、光雾山国家AAAA级旅游景区。

植物王国

全县拥有森林249.7万亩，其中原始森林60多万亩，草地156万亩，活立木蓄积量810万立方米，绿化率98.5%，森林覆盖率高达62.2%。大坝林区被中外专家称为"四川盆地北缘山区重要的生物基因库"，大小兰沟自然保护区以"珍稀物种种植资源基因库"享誉中外，在2002年被列为"中德合作自然保护区自然资源保护项目"。

林茂山间

山拥翠色

　　《圣经》曾讲到，当上帝决定要用大洪水惩罚人类的时候，他提前告诉诺亚并让他造一艘巨大无比的船，可以带上大地上的每一个物种，以便繁衍。南江的"植物王国"似乎就是上帝派来保护珍稀物种的那只诺亚方舟。其中最为珍贵的要数3万亩稀世独有的巴山水青冈，它被誉为"植物活化石"。

　　除了巴山水青冈，南江还有红豆杉、红桦、木沙绿荫与石头椤、鹅掌楸、连香树、银杏等20余种珍稀植物，以及人参、灵芝等1700多种珍贵药材。奇特的地质构造、丰富的植物结构和良好的气候形成了四川北部独特的植物种群，孕育出云山幻影的旷世奇景。集"奇、幽、险、秀、雄"为一体的光雾山是万种植物繁衍生息的沃土。

植物"活化石"——巴山水青冈

　　水青冈，又称山毛榉，是对被子植物门壳斗科水青冈属（Fagus　L.）植物的通称，能制成风靡世界的榉木及榉木制品。由于地处我国西南与西北交界地带，南有大巴山的缓冲阻挡，北有秦岭山系作为巨大屏障，光雾山具有独特的气候及环境条件，使它成为水青冈属植物的聚居地。全世界11种水青冈属植物，这里就集中成片分布有4种。这4种水青冈是我国的特有珍稀树种，是优良的造林树种，它适应性强，在林区内阴坡、半阴、半阳坡及土质肥沃、瘠薄的土地甚至石缝中都能生长。它树形挺拔，树干通直饱满，材质结构细密，色泽花纹美丽，能作为高档家具和装饰用材。水青冈还是十分重要的森林景观树种。一到秋天，水青冈林就呈现出金叶满山、层林尽染的景色。游人见过，无不为之陶醉。

参天立地——巴山水青冈

动物天堂

南江的野生动物物种繁多，有26目、61科、195种，其中有金钱豹、猕猴、黑熊、大灵猫、狼、明鬃羊、赤狐、大鲵等25种国家一级和二级重点保护野生动物以及裂腹鱼（阳鱼）、鹭鸶、青麂子、山猫等18种省级保护动物。尤其值得一提的是这方秀丽的土地孕育了荣获国家科技进步二等奖的南江黄羊。

人们常说："要想长寿，常吃羊肉。"一说到南江，人们津津乐道的是那美味的南江黄羊。它可不是一般的

南江黄羊

国家地理保护标志产品——南江黄羊

羊，它是几代畜牧科研人员在南江县历经41年培育而成的我国第一个肉用性能最好的山羊新品种。南江黄羊以其个体大、生长快、适应性强而著称。1996年农业部正式将南江黄羊命名为"我国目前肉用性能最好的山羊新品种"。南江黄羊被誉为"亚洲第一羊"，正如著名诗人流沙河所讲的那样，南江黄羊"喝甘泉，啃茂草，嚼药苗，嘉种育黄羊，雪地冰天憐北海；烤嫩肉，炖浓羹，烧蹄肘，美食奔黑马，雾山月瀑话南江"。

著名诗人梁上泉对此也称赞道："此味只应天上有，人间难得几回尝。"

山中珍品

南江盛产各类美味珍品，被誉为中国南江黄羊之乡、中国核桃之乡、中国富硒茶之乡、中国金银花之乡。南江黄羊、核桃、大叶茶、金银花均获得国家地理保护标志产品。

南江核桃

核桃位列四大干果之首。在我国素有"智力神""长寿果""万岁子"的美称，有很好的食补作用。南江从汉代开始引进种植核桃，至今已有

奥运金果——南江核桃

1000多年的历史。早在20世纪70年代，南江核桃就已初具规模，并已驰名省内外。南江核桃因壳薄肉厚、富含多种益脑元素，2008年被北京奥运会评为"奥运金果"。

茶山绿韵

南江大叶茶

南江山地森林环抱，云雾缭绕，雨量充沛，土地肥沃，独特的自然环境使这里生产的茶叶富含硒等30多种微量元素。南江高山茶园在阳光的照耀下，漫山遍野的绿色茶树显得十分浓艳，葱郁的茶田如碧色的丝带般层层叠加而上，美妙如画。茶叶散发的淡淡清香扑面而来，让人心旷神怡。这就是1965年就被中国茶叶学会定为全国21个地方良种之一的"南江大叶茶"，用南江大叶茶为原料加工的系列产品"云顶茗兰""云顶绿芽"荣获1992年中国首届农业博览会银奖，并收藏于中国茶叶博物馆，1995年10月在中国农业博览会上"云顶茗兰""云项绿芽"双双获得金奖。2000年5月"云顶茗兰""云顶绿芽"双获国际（成都）茶叶博览会银奖。

南江金银花

南江金银花产量居全国之首，具有抗辐射、降血脂、降血压、增强免疫功能及延年益寿的功效。南江有丰富的金银花本地种植资源。早在20世纪60年代初，南江县在全国率先人工栽培金银花。1981年南江被列为"全

国金银花基地县"。1999年10月，南江被中药现代化科技产业（四川）基地协调领导小组列为首批13个"中药现代化科技产业（四川）基地全国金银花种植示范区"之一。

翡翠米

在大巴山脉米仓山南麓的南江县长赤镇，这里山清水秀、风光旖旎，森林覆盖率达42%，平均海拔800~1000米，日照充足，生态环境独特，非常适宜水稻种植，是传统的稻谷主产区，被誉为"南江粮仓"。这里出产的南江翡翠米是一种有机的、营养丰富的原生态优质大米，用它做出来的饭粒光亮油润、口感柔韧、略带糯性。南江翡翠米曾出口法国、古巴，并长期畅销于成都、攀枝花等地区，在周边市场已成为消费者最喜爱的大米之一。

长赤翡翠米

珍稀矿产

南江矿产资源不仅储量丰富而且种类稀有，目前已探明矿产资源有煤、铁、霞石等50多种。其中，石墨矿品位含量居全国前列，潜在开发价值巨大。

石墨矿石

旅游胜地

气候宜人

　　南江县南北长84.3公里，东西宽31公里，最低海拔370米，最高海拔2508米（光雾山），相对高度达2000余米。境内地形地貌复杂，群山环抱，溪沟纵横，山水相依。秀美的山川风貌、奇特的地质构造和肥美的原生态草场在这里汇集，称得上"八山一水一分田"。这里属北亚热带湿润季风气候，体感舒适，气候宜人。年均气温16.2℃，降雨量1198.7毫米，相对湿度72%。

牧场草长

红叶知秋

南江梯田

五色补染光雾山

魅力光雾山

　　光雾山因常年云雾缭绕（"光雾"在四川话中全部是雾的意思）而得名。它位于南江县北部边缘，距南江县城70公里，距陕西汉中市也仅70公里。分为桃园、大坝、十八月潭、神门、小巫峡五大景区，幅员面积830平方公里。光雾山最美的季节是秋季。深秋时节，红叶层叠，美不胜收。光雾山红叶有气势磅礴、色彩丰富、周期长、品位高等特点。光雾山可谓是最迷人的红叶景观、最宜人的"天然氧吧"、最佳的避暑胜地，是集生态观光、度假疗养、运动休闲、地质科普为一体的国家AAAA级旅游景区。

云阔山高

米仓山国家森林公园

公园位于四川盆地东北缘的南江县北部，地处秦巴山区（秦岭—大巴山）的米仓山南麓，其东、北与陕西省南郑县相邻，南抵南江县沙坝乡、关坝乡、寨坡乡和杨坝镇，西靠广元市旺苍县，与光雾山国家重点风景名胜区互为辉映。公园北距汉中市约70公里（经蜀门秦关），南距巴中市约136公里（经陈家山），西距广元市约216公里（经陈家山），面积40155公顷，森林覆盖率为97.3%，被称为"天然氧吧"。该公园建于1995年，2002年12月被批准为国家级旅游区。米仓山国家森林公园古有"巴西外户，蜀北岩疆"之称，今有西部生态旅游新亮点、川陕鄂渝森林旅游"金三角"的美誉。

秀水红叶米仓山

碧水蓝天

游光雾仙山　品南江黄羊

走进光雾山

云湖雾山

南江，大美不言

　　也许你初识南江，会不禁联想起那层层叠叠一眼望不到尽头的大巴山，和"蜀道之难，难于上青天"的诗句。但熟悉大巴山革命老区南江县的人，都知道它的迷人和独特：红色苏区、石上清泉、翠堤苍山、红叶之乡、银装世界……这一切的一切，就在南江，就在光雾山。

　　南江，拥有光雾山国家重点风景名胜区、米仓山国家森林公园和光雾山国家地质公园，是中国生态旅游大县、中国最具原生态旅游资源大县、中国红叶之乡、中国绿色名县。

层峦天外列

山溪石上流

参天古木——巴山水青冈

红叶漫天

光雾山是光和雾神奇幻化的精品。雾锁大山，云海茫茫，光弄雾影，幻化无常。有诗云："奇山雾里藏，日出雾生光；人在雾中走，心飞雾也翔。"

龙驾烟云

巴山精灵——南江黄羊

山水之灵

仙境光雾山

　　南江县光雾山风景名胜区，位于成都、重庆、西安三大城市"金三角"旅游区的中心，北接陕西汉中市，毗邻南郑县，西抵四川旺苍县。这里是南北交汇的过渡带，被列为国家地质公园。独特的喀斯特地质结构，造就了奇峰异岭、峡谷幽泉、瀑潭珠连等奇特绚丽的景观。光雾山风景区由西向东形成了神奇秀丽、气势磅礴、景色各异、气象独绝，集山、水、石、泉、峡谷、飞瀑、林海等于一体的原始自然风光。

光雾山主峰杜鹃

光雾山睡佛

　　光雾山作为米仓山的主峰，海拔2508米，汇聚米仓山景观之精华。峰顶三尖二缺，峰体浑圆，主要由花岗岩球状风化、寒冻侵蚀形成，远远望去犹如一尊睡佛。

　　光雾山既有峨眉山的秀，又有华山的险，既有武陵源的怪，也有青城山的幽。集奇、秀、险、怪、幽于一体，是中国的"百慕大"，素有"九寨看水，光雾看山，山水不全看，不算到四川"的名句。2004年，光雾山被国务院批准为国家重点风景名胜区；2013年，被评为国家生态旅游示范区。其主要景观360多处，风光秀丽，气候宜人，是养生、休闲、避暑胜地。

　　光雾山，风光四时不同。大自然神奇造化赐予光雾山的旖旎风光，宜人气候，一年四季展示着自己不同的风貌，供人欣赏，是人们远离尘嚣、清心洗肺、享受自然美景的绝佳去处。

春赏山花
夏看山水
秋观
冬

春赏山花

览冰挂

十 四季光雾，
风光不同。

秋观红叶

冬览冰挂

夏看山水

春日晨晖

春赏山花

春山澹冶而如笑。春天的光雾山，美在山花烂漫，美在绿茵芳草。山川碧绿，溪水潺潺，百花争艳，百鸟争鸣。这里展现的是生命的涌动和繁衍，是一种涤荡了尘嚣、澄明如洗的神韵。春天，踏青赏花，别忘了到光雾山，在原始森林里欣赏鸟语花香，在云蒸霞蔚中听松涛阵阵，在奇峰异石间看流泉飞瀑，在莽莽丛林中寻觅鸟兽足迹……

光雾山，参天古树云集，山水林洞辉映，珍禽异兽栖息。这里是高山杜鹃花的海洋，漫山遍野的杜鹃花，形成百里花廊、万顷花海、倘佯花间，芳香四溢。杜鹃层层覆盖，水青冈赫然矗立，烟云时来，神秘幽深。

在830平方公里光雾山景区中，有杜鹃密林、疏林和散生林230多平方公里。由于海拔高度不同，气候条件差异，土壤成分的多样，绵延数百里的乔木杜鹃和灌木杜鹃，形成了光雾山杜鹃的奇特景观。

山花烂漫出世美   春山多胜事

　　春意融融的光雾山，杜鹃花种类繁多，花色丰富，黄、紫、白、蓝、粉红、深红、玫瑰红，姹紫嫣红，仪态万千，美不胜收。一株株、一丛丛、一片片，遍布在光雾山各风景区中的山涧幽壑里，险峰峻岭上，令人慨叹大自然对这片灵山秀水的钟爱和慷慨。这里有成千上万枝繁花盛的野生大杜鹃，最大的杜鹃树王，其树身高达10多米，直冲云天，树围数十厘米，巍峨雄壮，花径也有30厘米以上，叹为观止。这里最小的杜鹃树也有2米多高，树冠有10平方米。

　　春、夏季是杜鹃花开放的时节，正如白居易赞美的那样，"回看桃李都无色，应得杜鹃不是花"。每年4月，南江都要举办杜鹃花节，笑迎四海宾客。

　　光雾山特有的高山杜鹃花，成株成树，一团团、一簇簇、一朵朵，生机盎然，落落大方，尽显华贵神韵。

　　光雾山的春天，"煮丹于此地，居然未肯归"，让人沉醉在无尽的诗情画意里。

夏看山水

　　盛夏来临，光雾山苍翠欲滴，满山葱绿，天气凉爽，是天然的避暑胜地。光雾山的夏季雨量丰沛，平均降水量800~1200毫米。丰沛的雨水造就烟云飞瀑，高山流水，雾霭流岚，万山叠翠。

　　当你带着浑身暑气来到这里，山里温度陡然降到14℃~16.5℃，清凉的气息包裹了你的全身，看着路边溪流中清冽的山泉水叮咚流过，呼吸着溢满负氧离子的空气，沁人心脾，仿佛进入一片世外桃源。

　　十八月潭之中，黑熊沟里，香炉山顶，大小兰沟深处，沿路探奇，苔藓厚迭，状如绒毯，悠远古朴，仿佛走向遥远的古代。

空明澄碧

翠滴山幽

绿凝山深

秋观红叶

光雾山的枫叶在秋季蔚为壮观，但见红叶流金，漫山红遍，层林尽染。金秋时节，光雾山千岭披霞，万木易色。

光雾山的红叶很高贵，融丰富的人文地理、生态民俗于一体，具有极高的观赏、美学、科考和经济价值，满地的红叶被称为"亚洲最长的红飘带"光雾山被称为"中国红叶之乡""中国红叶第一山"。英国、德国、法国、加拿大和美国的植物专家考察后，把光雾山景区称为"金区"，把光雾山红叶称为"金叶"。

化作红泥待明春

金秋春韵

　　红叶尽染光雾山，人行山径尽成仙；红叶仙子醉凡世，轻歌曼舞乐蹁跹。2009年，第七届中国·四川光雾山红叶节之际，世界旅游小姐西南赛区前20名的佳丽闪亮登场。无数的摄影师对美景佳人，齐刷刷按下快门，灿烂的笑容永远定格在光雾仙山！

　　光雾山的"金叶"是磅礴的，丰富多变的，如诗如画，使人眷恋。光雾山有580平方公里的红叶景观。一般的红叶以红色为主，光雾山的红叶色彩丰富，以蓝、绿、黄、橙、红为主。形成光雾山红叶的树木种类繁多，有水青冈、枫树、椴树、蔷薇科树等40多个品种。尤其是有水青冈及黄杨、血皮槭、梭罗树都属名贵树木。其树叶形状多样、色调丰富、颜色多变，有手掌状、羽毛状、船形状、针形状等20多种形状。红叶在一天之中不同的时候，在昨天、今天与明天里，在阳光、雨雾或霜冻的不同气候中都会演绎出不同的色彩，在山色、光影、雾霭中呈现出万种风情。

水动叶红秋正好

晨雾仙山

经过春的滋润、夏的洗礼，修炼出的这纯青的色彩迎来了她生命轮回中的辉煌，红叶起初是零星点缀，霜降后，一夜间，不约而同，闪亮登场。由黄及橙，由橙而褐，由褐而红，由山顶而下至山腰，一团团金黄、橙红、橘红、深红渐渐在绿海中蔓延开来，绿托着红，红托着黄，彼此偎依，相互映衬。漫山遍野，赤、橙、黄、绿、青、蓝、紫，七彩纷呈，幻化出无限的色调，梯次形成展开……光雾山的红叶在云雾缭绕中孕育着热情，在热烈的阳光中积蓄着能量，在风雨中磨炼风骨。

艳红漫山

"山明水净夜来霜，数树深红出浅黄。"10月下旬到11月中旬，山岭中的红叶，以难得的自然，素面朝天。随着霜冻的加深，星星点点的红与黄，以其旺盛的生命力，从一枝一叶，到千树万树，慢慢地汇聚成一片片的浅红、橙红、火红、深红。在某一天里太阳掀开这云雾的纱幔，便光彩照人浓妆艳抹地登场了，澎湃出火一样的激情，尽情释放自己狂热的心潮，将大山演变成一个盛大的节日。火红的红叶渐渐掩盖了所有的绿，让人沉醉。一日一色，一步一景，秋色蓬勃，山色日佳。一株树，上部、中部、下部，也会渐次地红着，有火红、品红、酒红、褚红、玫瑰红、紫红、金红，把不同颜色的红铺张开去，把不同样式的红变幻出来，淡红、浅红、深红、朱红、桃红、嫣红、

紫红、大红、赤红、褐红……如大海般波涛翻涌；斑斓的色块在风中如潮水般汹涌起伏，光雾山变成了色彩的海洋；秋风吹拂，落叶纷飞，姹紫嫣红，撼人心魄。光雾山的秋色成了造物主的神来之笔，风韵特别，多姿多彩，红出了"丹枫烂漫锦妆成，要与春花斗眼明"的奇妙佳境。

红叶千里，精彩纷呈，演化出变幻无穷的迷人画卷，深山密林犹如撒金的红色锦缎。山间变幻无穷的云雾将光雾山演绎成人间仙境。

小雪（节令）刚过，如火如荼的红叶开始飘落枝头，万红纷飞的美景出现在秋风吹过的林海，极像翩翩起舞的精灵。千山万壑的红叶交替退出，次第而归，化作新泥待明春。

红叶醉山

冬览冰挂

随着第一场雪飘扬，意味着令人激动的光雾山冬景如约而至。夏天里的淙淙流水在冬季已经化成美丽的冰挂，晶莹剔透，悬于层峦叠嶂中，掩盖了往日溪水的欢悦跳动，溪流被厚厚的冰幕遮掩起来，带来的是无限的美景和相映成趣的冰雪世界，让人驻足流连。

冬山如玉。光雾山冬长夏短，在漫长的冬季里，银装素裹，玉树琼花，泉涧崖畔，冰柱垂瀑，千姿百态，给人一种独特的美感。

雪上霜枝

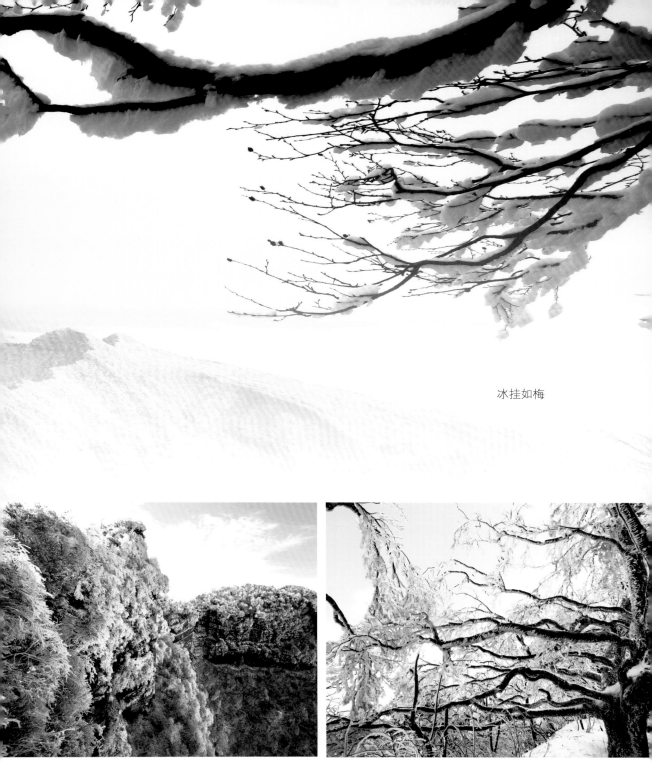

冰挂如梅

冬山如睡

琼枝冰花

遥望山川，一幅有名的山水画呈现在你面前，"忽如一夜春风来，千树万树梨花开"。大树小树绽放的银花银菊，把人们带进刺激的冰雪天地。对生活在很少下雪地方的人们来说，冬季的光雾山是诱人的，令人激动的。

银装素裹，白雪皑皑，一片冰雪世界，满树冰花，琼枝万条，多么纯洁的世界！

在凛冽寒流席卷大地，万物被冰雪覆盖之时，冰花像高山上的雪莲，凌霜傲雪，在斗寒中盛开，韵味浓郁，气势磅礴的落雪挂满枝头，把光雾山装扮得冰清玉洁，景观壮丽迷人，远远望去，一排排的树冠与蓝天白云相接，让人分不清天地。

银装素裹

满树冰花

冬日晨曦

雪山生晖

忽然，几个红的、蓝的人影从树丛里冒了出来，像是不小心滴在宣纸上的几点颜料，在白茫茫的背景下格外显眼，勾勒出一种"风雪夜归人"似的诗情画意。

雪花轻盈的舞姿，白玉般的身躯，点点积起，装扮银光闪闪的世界，丝丝融化，纯洁无暇的世界让人尘心如洗。此刻的光雾山，无法用语言道出它仙境般的美丽，只有用心灵去感悟。

光雾山四季皆景，五大景区如珍珠般闪耀，光怪陆璃，有集奇秀雄险一体的典型喀斯特地貌风光，如诗如画的十八月潭，有供养生、休闲、运动的大坝景区，有古朴、原始红叶铺到天外的天然画廊，还有历史遗韵的牟阳故城、原始森林的大小兰沟等等。

别有天地非人间

　　仁者乐山，智者乐水。光雾山有桃园、大坝、十八月潭、小巫峡和神门洞五大景区，360多处迷人的风光如珍珠般闪耀在这片土地。经过陈家山10多公里的盘山公路，便进入光雾山景区南大门。有诗赞云：千万丘壑雪中埋，忽然晴光云雾开。峰回路转驱车去，巴山翡翠迎面来。

桃园景区，皇冠珍珠

　　桃园景区地处光雾山腹地，面积约250平方公里，沿溪流及群山有27个主要观景点，有绝壁如画的焦家河、清洌幽深的寒溪河、秀峰林立的燕子岩、奇丽迷人的普陀山、洪荒神秘的万字格和地下瑶池莲花洞等精品景点。

桃园风光

桃园，是清朝时期为纪念三国刘、关、张桃园三结义，在此建寺而得名。这里地势南北高、中部低，群山错落。焦家河自东向西横贯景区。其间，幽峡曲径，峰丛林立，河水清澈，清幽宁静，是怡情山水，陶然物外之静所。

进入桃园景区，清澈见底的焦家河向西而流。沿河有气势巍峨的龙架山、金礅、仙女望夫、石鼓石虎、仙猿岩、太极天坑、感灵寺等景观。

太极天坑

金礅壁立

世外桃源

北下而来的韩溪河，水质洁净，因萧何曾在此月下追韩信而闻名。焦家河与韩溪河交汇于两河口。从韩溪河到燕子岭，米仓古道、截贤驿、棋盘石、樱桃河谷、南天门、燕子岩石林、七女峰、万圣朝佛等30多处风光等待您的欣赏。

沿河直下，古木参天，崖石奇特，阳光透过绿荫洒下一层薄薄的细纱，清亮的河水，鱼翔浅底，两岸山势，或如庐山奇峰怒拔，又似黄山瑰丽典雅，似峨眉飘逸秀美，如雄关陡峭险峻，相映生辉，多彩多姿。燕子岩风光独具，山巅峰丛有几分张家界的神韵，令人拍案叫绝。

进入燕子岩，重峦叠嶂，古木参天，峰回路转，云断桥连，涧深谷幽，天光一线，万壑飞流，水声潺潺，鸟鸣山涧，燕飞蝶舞，灵猴嬉戏，琴蛙奏弹；奇峰突兀，云遮雾绕，万山竞秀，微风徐来，奇花铺径。那正是，春季万物萌动，郁郁葱葱，夏季百花争艳，姹紫嫣红，秋季满山红叶，五彩缤纷。

高山流水

人间七女峰

万圣朝佛

燕子岩

　　站在燕子岭上，极目远眺，但见峰丛林立，有着大小不等的峰丛石林。其中低者50余米，高者数百米，独者孤傲，拥者相依，直冲云霄，奇丽多姿；峰丛顶长有古松、灌木丛，还有世上稀有的梭罗树，姿态各异，气象万千。

　　燕子岩西去便到了韩溪河，因萧何追韩信经此而得名。

　　这里河道斗折蛇行，彩石为底，峡幽径曲。沿水而上，既有激流素湍，泻玉碧潭，也有碧波倒影，遗韵江天。两岸青山多姿，数万亩林海，古木参天，老藤缠树。黑龙潭、鱼仓子清峭幽邃，美不胜收。怡情山水，陶然物外。

　　从韩溪河的碑沟口西行十里便至普陀山，此处峰岩奇绝、山水神秀，融田园风光与自然人文一体。山上秀峰环绕，山下幽谷流淌，山中绿岛古刹隐没其间，天生桥雄视南天，萝花坝花涧浓馨，雷家沟雄奇秀丽，山下十余农家，片石盖房，斫木为器，民风古朴，让游人备感宾至如归。

定海神针

燕子岭外韩溪河

孤峰鸷列

螺蛳谷

雷家沟石板房

相拥天地间

世外桃源

普陀山西北原始森林中有一洪荒神秘的万字格，方圆三平方公里。其间铜墙铁壁，沟壑石缝，纵横交错，地质奇特；林木花草，了难全识；虎豹熊鹿，不一而足；绿林翠蔓，蒙络摇缀，人入其中，如陷迷宫，极有观赏价值。

从万字格返途至韩溪河，便是两河交汇的两河口，有河口瀑布、桃花仙子、神女峰、结义石等自然景观，步移景换，目不暇接，令人神往。

两河口

大坝景区，巴山翡翠

大坝风景区有天然画廊、牟阳故城、温带珍稀植物园、滑雪（草）场、黑熊沟、香炉山、大小兰沟等精品景点。

该景区地貌景观古老奇异，人文景观底蕴深厚，自然资源珍稀，是米仓山国家森林公园的核心景区。大坝林区是"四川盆地北缘山区重要的生物基因库"，大小兰沟以"珍稀物种种植资源基因库"享誉海内外。

滑草场

花拥林间

天然画廊

　　激动人心的天然画廊，这里的每一天、每一月景色都不尽相同，时时展现出一幅天然画卷。一年四季，风光无限。春天，百花争艳，飞鸟闹林；夏天，枝繁叶茂，浓荫蔽日；秋天，红叶接天外；冬天，冰雪满山，冰柱盈目。

　　若在秋日，早上，云蒸雾蔚、雾霭茫茫，只闻百鸟鸣，不听人有声；中午，大雾散去缕缕阳光透过树梢，透过红叶，似万道佛光；傍晚，撒下一抹夕阳，红山、红水、红树、红叶，视线所及，层林尽染，峰峰岭岭的红叶不是春花胜似春花。

画廊金秋

牟阳故城

牟阳石碑

　　为何叫牟阳故城？或许你心中有些疑惑。原因是此地居住多为牟姓人，称牟家坝，又因处于南郑牟山之南（山南水北谓之"阳"），故也称之为牟阳城。

　　牟阳城自古就是北上中原，南下巴蜀米仓道中的重要驿站。这里地势险要，群山相连，植被丰富，土地肥沃，是历朝兵家的必争之地。据史料记载，牟阳城始于夏商，盛于汉，毁于民国初年火灾。鼎盛时期，牟阳城有三千烟户，两万人家，私塾、屠场、酿酒作坊、秦楼楚馆甚多。东汉末年，曹操征张鲁，鲁以此囤积粮草抗曹。为占领军事要塞，魏将张郃与蜀将张飞在此交战约两月。诸葛亮北伐中原，曾在此大筑城池，秣马厉兵。白莲教农民起义军也曾在此奋勇抗清，血染米仓，声震川陕。

　　不少文人墨客都钟情牟阳城。川中才子陈子昂经米仓古道返蜀省亲，曾夜宿牟阳城；诗人李商隐经牟阳城入蜀，写下了千古名篇《夜雨寄北》；爱国诗人陆游"细雨骑驴入剑门"，曾在牟阳城游历题书。

故城遗址

牟阳故城

巴山温带珍稀植物园

如果说米仓山国家森林公园有"生物万花筒""森林百宝箱"和"珍稀物种基因库"之称，那么巴山温带珍稀植物园就是镶嵌其中的一颗明珠。该园建于2003年，规划建设78个小园区，面积113.3公顷，栽植有水青冈、红豆杉、连香树等25种珍稀树种，是四川特有的温带高山珍稀植物园。

巴山温带植物园

整个园区集科普、旅游、观光、休闲于一体。"山光水色相辉映，四季景色各不同"，宛如隔世桃源，堪称川陕旅游金三角的极品，是大坝景区的一颗明珠。

园中瑰宝

黑熊沟

大坝森林公园的溪流深处便是黑熊沟。早年，此处黑熊出没，或啃食树皮于林间，或嬉戏于草坪，或沐浴于溪涧，所以叫作黑熊沟。当你踏上沿溪所架设的实木栈道放眼望去，只见"青山环抱万木春，奇花异树满目新，溪中怪石多情趣，耳边泉水叮咚声"，一片自然美景将你牢牢吸引。

首先映入眼帘的是清溪中那怪石林立的石阵，有的像狗，有的像猪，有的似蛙，有的如鱼，它们在清泉中形态各异，栩栩如生。黑熊沟溪流蜿蜒，碧波红叶互映，奇树异草相间。

两岸青山，雄姿伟岸，万木葱茏，百花争芳。被誉为植物王国活化石的巴山水青冈，春夏碧绿如洗，深秋红叶似火；那号称巴山一绝的杜鹃树，春夏开花，红的红，紫的紫，白的白，异彩纷呈。

还有些树木，与老藤相依为伴，你缠着我，我依着你；开花的与不开花的竞相生长，结果的与不结果的各自繁衍。沿着溪流望去，只见飞瀑层叠，浪花翻滚，从绿荫覆盖的大山深处飞奔而下，一路欢歌，一路呼啸。时如巨雷，咆哮奔腾，溅起无数的浪花；时如缕缕琴声，汇聚无数翡翠碧潭，泉水清冽，甘甜可口。一入秋天，红叶掩映碧潭，五光十色，璀璨夺目，到了冬日，则是到处呈现成一派银装素裹的景象。

美妙黑熊沟

泉喧山幽

晨光水雾

大坝滑雪滑草场

位于大坝景区的腹心地带，这里林海茫茫，环境清幽，空气清新，视野开阔，总面积有3万多平方米，是川北—陕南唯一的一座标准滑雪滑草场。穿上滑草鞋，在这翠绿欲滴的草坪上，急速下滑，无比畅快。隆冬时节，大雪纷飞，在玉树琼花间，套上滑雪鞋，握住雪橇，在白雪皑皑中风驰电掣，那是非常刺激。

川北峨眉——香炉山

沿黑熊沟而上，20多公里便到了香炉山。这是光雾山极负盛名的景点之一。香炉山位于川陕两省的交界处，四座山岭向四周延伸，远远望去，酷似一座香炉。

香炉山属于典型的石灰岩地貌，土壤贫瘠，含水量少，加之这里风大，树木长不高，绝壁丛生的千年古松、古柏和杜鹃是"香炉山三绝"。

香炉山是米仓山国家森林公园最高峰，海拔约2340米，是观云海、看日出、赏夕阳和登高望远的绝佳去处。

香炉盛景

香炉山闪金光

俏也争春

站在香炉山顶，你会有"北望长安云横断，南下渝州雾中游"的感觉！若在雨后，山间云雾缭绕，笼罩一层薄薄的轻纱，真是"不识庐山真面目，只缘身在此山中"。

去香炉山观云海日出，是游览光雾山的最佳选择。东方破晓，一轮红日喷薄而出，霞光万道，云雾缥缈，蔚为壮观。你既

奇石粉妆向蓝天

虬枝龙爪汲甘露

可欣赏峨眉金顶般的神韵，又可享受"日照香炉生紫烟"的奇异景色。

　　那秀丽奇特的群峰，被苍翠茂密的森林植被覆盖，秀峰怪石、峭壁幽谷。在群山之中，奇峰林立，沟壑纵横，古木参天，云雾缭绕，如入仙境。

　　看吧，香炉山的春天，满山的杜鹃花怒放在奇石和悬崖上，不似人间所有，仿佛进入了天上宫阙。

香炉仙境

大小兰沟自然保护区

古朴洪荒的沟内，因人烟稀少常有大量的豺狼虎豹出没，令人望而生畏，称为"大小狼沟"。后来随着国家级森林公园的开辟，才有了富有诗意的名字"大小兰沟"。

沟中生长的"巴山水青冈"经中外专家共同考察和鉴定，确认为"冰川时期遗留下的植物活化石"。该树在全世界有11个品种，中国有7个品种，而大小兰沟就有4个品种。它不仅是优质用材，还是一种珍贵的风景观赏树。

叶肥石瘦

秋意渐浓

深秋时节来此游览，你会感觉到它的景色是迷人的，特别在明媚的阳光下，那满山的彩林熠熠生辉，散发出夺目的光芒。不禁使人想起"巴山一夜风，木叶映天红，色比桃花艳，秋如春意浓"。

十八月潭景区，如诗如画

在光雾山北坡，有一个长约3.5公里的珍珠沟，林海深处，可以听见一声紧似一声的水流飞瀑声从珍珠沟中传出，那就是"世人只知九寨沟，不识如月十八潭"的十八月潭。游客到十八月潭看水，便可感水之灵性。

十八个瀑潭依次为梦月潭、望月潭、追月潭、奔月潭、羞月潭、翠月潭、聚月潭、照月潭、风月潭、捞月潭、醉月潭、枕月潭、新月潭、闹月潭、镜月潭、饮月潭、碎月潭、思月潭。潭潭经典，形态各具，如珍珠般撒落山沟里，掩映在旖旎的高山绿林深涧。每个潭名大多因为它的规模和形态特点而出名。撩开神秘面纱，其美色、妙成、韵味，令人难以言表，也慨叹前人的大智慧。十八月潭，古木镶边，漫步瀑潭珠连间，溪水时而直泻

醉美山水间

红叶醉月潭

而下，时而一片静谧，时而穿过林海，时而流淌于山涧，潭映山色，山得潭韵，让人沉醉。

"月潭赛九寨，红叶绝天下"，十八月潭景区森林茂密，瀑潭众多，环境幽静，被称为"川东北的九寨"。

十八月潭最为闪光的有九角山、玉印台、九龙台、夫妻树、光雾山主峰、石人山、殷家沟峡谷和光相寺遗址等34个精品景点。

初雪拥月潭

月潭秋水绿

九角山

　　九角山位于十八月潭景区东北方向，距大江口林场场部约25公里，距陈家山16公里左右，海拔1571米，因相互拱卫的九座山峰而得名。这里的树木基本上都是水青冈、巴山松、铁杉与桦木等高大乔木，林木茂盛，常有黑熊、野猪等出没，尚未对游客开放。一到秋天，万山红遍。山顶上还有一株"夫妻树"，两树连为一体，极为奇异，令人拍案叫绝。

幽谷深潭

叶落山涧

玉印台

　　玉印台位于十八月潭腹心地，峰峦叠嶂，烟波浩渺，秋天红叶漫天。传说，玉帝巡视天庭见这里瀑潭珠连，美景赛过了蓬莱，于是，情不自禁地把玉玺放在那个岩壁上，便成了玉印台。春夏秋冬，均有胜景。

俊秀小巫峡

　　小巫峡位于南江县城20公里的赶场镇，地处川陕交界的南江县明江上游，左靠光雾山，右邻通江诺水河，上承贵民神门，下接断渠。景区方圆10公里，沿明江南北方向，一眼望去，水面宽大、碧波清池，置身其间，让人觉得就在巫峡。景区的峡谷两岸峭壁高500余米，峡长两公里有余，峡口斧劈剑削出两扇峡门，明江水奔门而出。所开发的"金猴望山""诗仙观景""鳄鱼奔江""双龟追龙""观音坐莲台""二郎神镇峡"等风景，使游人目不暇接，乐在其中。小巫峡景色以"十怪三绝"独具特色。康熙五年南江知县王经芳作了一首《小巫峡赋》赞曰："万山环罩、峰排十二、棋列星罗、怪形奇状、秀挺襄中、人力亦奇、手夺天工。"景区万丈峡谷一刀切，天开一线，十分雄伟壮观；峡壁苍枝倒挂，劲干横空，千年藤蔓，盘根错节，或寄于壁缝，或牵着险石，时有猕猴攀援呼啸其间。在小巫峡的

碧水映峡

巫峡水声

两面山上，有"望乡台""阎王碥""手爬岩""奈何桥"等奇石险景，还有许多溶洞，已探明的多达20多个，现在已经开发的有"通天洞"和"穿花洞"。小巫峡奇山峻峰，碧波荡漾，誉为"秦巴奇峡"也实至名归。

"通天洞"又名"五彩洞"，因洞中景色五光十色，灿烂缤纷，自然天成，直通天外而得名。洞内有一巨型岩画，两大石窟，三大厅堂，四条支洞，五层迷宫，六泓碧潭，七道飞瀑。通天洞全长10000余米，已开发2800米，12万平方米，其中暗河流水4800米，10万平方米，规模宏大，曲径阡陌，层层叠叠，瀑潭相连，秀水纵横，洞中有洞，景中有景，景色奇幻，百态千姿，玲珑剔透，壮丽精巧，妙趣横生，尤以"天上粮仓""银河飞瀑"景色最为壮观，其景气势恢宏，雄伟壮美，堪称地下奇观，世上奇绝。

"穿花洞"位于小巫峡中峡东岸，距峡底100余米，因主洞附近有20余个明洞，且洞洞相邻，洞洞相通，在数洞之间穿来穿去，如同穿花一样，一会儿可看到这边峡，一会儿可看到那边山，游览其中如同捉迷藏，故名穿花洞。穿花洞亦称"川花洞"，因洞外有三个明洞直穿对山，三洞口各成条形，错落有致，相距排列，如同四川的"川"，其洞内石花甚多，且独具特色，故又名"川花洞"。穿花洞全长10000余米，已开发1200米，游览面积10万平方米。此洞有风

一线天开

洞、旱洞、水洞三类，由七个大厅组成。它们是饱经风霜的古战场遗址，祥瑞喜庆的百兽呈祥，神奇瑰异的仙女撒花堂，历史再现的合璧宫廷，雄伟神奇的巨瀑飞歌，鬼斧神工的天廷大舞台，探幽思源的龙洞神泉。尤以"巨瀑飞歌""天廷大舞台"景色为甚，其景宏伟壮美，堪称溶洞一绝。穿花洞洞体景观构造独特，洞内景色蔚然壮观，可峡里看洞，洞中观峡。溶洞奇观与雄奇峡谷相映成趣。穿花洞集雄伟、奇异、险峻、神秘于一体，傍峡而生，曲折跌宕，其地势险要，有峡谷天险屏障，其洞洞通达，风光旖旎，环境优美，自古以来也是当地山民安乐之所。

奇险神门洞

在南江城东，翻过鹿角垭沿明江北上约26公里，便是著名的神门洞风景区。2003年，该景区被四川省人民政府批准为省级风景名胜区。神门风景区位于南江县贵民片区境内，又称为"贵民神门洞"。它分为长滩河、夏家沟、神门洞、黄金峡、懒蛇梁五个景区，面积175平方公里，有280多个景点。景区内峰峦密布，石笋林立，溪流纵横，古木参天，是人们旅游观光的好去处。

神门天成

在原贵民片区，在古代有两道雄关：一为贵民关，一为木竹关，皆有"一夫当关、万夫莫开"之势。在清朝嘉庆年间，川陕边白莲教农民大起义，曾在这里浴血奋战。1933年4月，红四方面军反三路围攻时坚守阵地于此。空山大捷后，红军从这里突然出击，在赵公寨一战，创造了以少胜多的战例，一鼓作气收复南江、长赤，攻克了旺苍、苍溪，直逼广元城下。

山外人间

神门云叩

贵民为石灰岩分布区，岩溶地貌形成的石芽漏斗很多，造成难以数计的大小溶洞。地面突起千姿百态的石峰、石笋群，真可谓大千世界中的石林和溶洞王国。该地低洼处海拔不足800米，最高达2500米，峰峦嶂壁，拔地而起，直冲霄汉，雄伟壮观。其中神女峰、石人峰较之"巫山神女"并不逊色。若遇朝雾萦回，夕阳喷彩，顿觉飘飘欲仙，故有"贵民风光，胜似桂林"之说。

　　游览、欣赏光雾山这神奇秀美和优良的生态环境，也许你早已陶醉其间了。然而，南江，不仅有美景，还有美食。北京大学东方学系谷向阳教授有诗云："红叶题诗添意思，黄羊煮酒长精神。"天地造物，光雾山孕育出的南江黄羊被誉为"亚洲第一羊"，肉质极好、口味鲜嫩，如芙蓉黄羊肉、山珍扣全羊、烤全羊、壮阳汤等等，让你味蕾跳动的同时，也感受到南江源远流长的羊文化。

神秀奇美

南江黄羊

游光雾仙山　品南江黄羊

巴山精灵——
南江黄羊

南江黄羊

巴山与羊，自古有缘

　　秦岭以南及大巴山的养羊业相对于秦岭北坡的黄河流域一带开发较晚。但在大巴山南坡的南江，早在公元前六七千年就有人类活动，北坡的汉中，在公元前五六千年就有以高粱为主的粮食、蔬菜的种植业以及养猪亦包括饲养山羊在内的畜牧业。当公元前7世纪西周灭亡时，郑国人民翻越秦岭，来到现今与南江毗邻的南郑，并带来先进的农业技术，促进了农业和包括马、牛、羊、猪、禽的畜牧业发展。西汉初年，北人南移，在秦巴一带兴水利，促进了本地区农、牧、渔业的发展。三国时，"川、陕、鄂"交界处归蜀。据汉中府志记载："四达百货云集、骡马牛羊尤盛。"刘备汉中称王，到诸葛亮出屯汉中，有《三国志·蜀书》记载："……先生不甚乐读书，喜狗、马、美衣服""……（建兴五年）春，丞相亮出屯汉中……十年，亮劝农于黄沙，作流马木牛毕，教兵讲武……董和蹈羔羊之素……马驶奔驰……牛酒劳赐……"说明蜀汉时期，诸葛亮驻兵汉中，重视农业，发展以马、牛、羊、猪为重点的畜牧业。还有碑记云："……蜀大将张飞，驻军牟羊城（现大巴山南坡南江县境内的大坝林场），屯粮米仓山、天荡山，北出巴峪关、嘉孟关，南关内古战场'关坝'……""关坝"这一名称沿用至今，而"牟羊城"也可能是"牧"的谐音，即可能是"牧羊城"。这与人们在驯化山羊的过程，用石块砌筑围墙作围栏，把山羊围起来，限定在一定的范围内牧食，以便人们管理和利用，可能有较大关系。所谓"屯粮"不仅是发展农业于"米仓"，而且也发展牧业，牧羊于大巴山区的"川、陕、鄂"交界地带。在大巴山北坡的西乡、镇巴形成了牛羊生产基地和交易中心。

源远流长的羊文化

羊，祥也，吉祥如意，作为中国的十二生肖之一，在中国古代就与人们的生活息息相关，深刻影响了中国传统文化，形成了独具特色的羊文化。

中华文明发源于长江黄河中下游平原，主要属于农耕文化。而农耕文化具有自给自足的自然经济特征，讲究"和"，这与羊的形象性格特征相契合。作为最早被驯养的动物，羊伴随着农耕文化一起扎根于中华文化中。在古字里，"羊"和"阳"是相通的。因此，三只羊画在一起，仰望太阳的图案就表示"三阳开泰"。其含义是：冬去春来、阴消阳长，万物新生之始。而海洋，纳百川之精华，孕育了生命，保证了人类生存的环境。洋，则是三羊、羊水之和。阳、洋、羊，成就了中华民族的天地物，是中华文化的精髓。

剪纸羊

同时，羊是吉祥如意的圣物。《墨子·明鬼下》云："有恐后世子孙不能敬以取羊。"这里的羊就是"祥"的意思。早年出土的西汉铜洗纹面，纹面"吉祥"二字常写作"吉羊"。许慎《说文羊部》云："羊，祥也。"《示部》"祥"下说："福也。从示羊声，一曰善。"

国画羊

羊天生丽质，代表着纯洁与珍贵。"美"字起源就有一种是来源古人劳动或喜庆时，头戴羊角载歌载舞的人。据考证，"美"字是古代人对羊的味觉感受、视觉感受和精神感受的总和。

此外，羊还是美善的象征。"善""祥"等褒义字都从"羊"旁。羊被视作"善"的化身，不仅因其为人们提供了美食、物料，更因为羊高尚的品格。羊性情温顺、宽厚仁义、知礼有仪，其美德让人景仰。徐仲舒先生说过："盖人以羊为美味，故善有吉美之义。"

羊与人的生活紧密地联系在一起，形成了许多与羊有关的语言词汇和器物，如陕西宝鸡出土的西周青铜器羊尊，造型精美；如湖南宁乡出土商代青铜器四羊方尊、双羊尊。这些青铜器多为庙堂之上的礼器，厚重大气，其羊头纹饰惟妙惟肖，异常华丽，极为珍贵。

双羊尊

商代四方羊尊

西周羊尊

三阳开泰

  羊为人们提供了可食之资。中国古代最先喂养的动物不是狗，不是猪，不是牛，而是羊。"鲜"字由"鱼"和"羊"组成，也侧面说明，羊肉不仅可食，并且味道鲜美，口感极佳。羊肉温补而不燥，固本培元，补肺肾气，于人体健康有大作用，具有祛风祛寒滋补身体等功效。早在元代，宫廷太医忽思慧所写的《饮膳正要》，百分之八十所记载均与羊肉有关，可见其食疗养生的价值。《饮膳正要》中也记载了羊肉的多种烹调方法，无论是炖、炒、涮，还是配萝卜、山药或核桃，均营养丰富，鲜香味美，具有独特的养生之效。

  此外，羊为人们提供了可用之材。羊皮羊毛可做衣鞋等，保暖舒适，羊粪可做鱼饵、肥料等，经济效用大。在中国古代，用羊皮做衣服已有深远历史，且具有严格的等级。《周礼·天官》记载："司裘，掌为大裘，以供王祀天之服。"

  在当代，羊产品愈加多样化，羊肉做法吃法也愈加精细独特，而羊文化在企业管理和社会管理中也凸显出它新的价值，重现生机与活力，在历史的变迁中被赋予新的意义。

群羊出牧

诞生在光雾山的"巴山精灵"

    对于大巴山的山民来说，家中养羊是司空见惯的事情，但是山民们自古养的是本地的土种山羊，生长慢，个头小，经济价值低，直到20世纪50年代，一个叫"南江黄羊"的羊类新品种开始在南江这块神奇秀美的土地上孕育。南江黄羊是一个什么样的品种呢？它是由成都麻羊、金堂黑羊、努比公羊和南江本地山羊经过杂交和系统选种培育而成的肉羊新品种，它脱胎于谁，像谁，是谁，谁也说不清了。"南江黄羊"已形成了自己独特的外貌形体特征，健壮优雅，体态美观大方，具有超越多个品种的综合优势，是南江人民引以为荣的新品种。

国家科技进步二等奖

配种公羊

群羊放牧

羊帝

羊后

小王子

公羊

    1954年，当时的畜牧科研人员也许没有想到，他们购回的300只成都麻羊、金堂黑羊、努比公羊开始进行杂交改良时，一个誉满神州走向世界的肉羊新品种将会在南江诞生。当然一个新品种的问世，不是简单地将几种不同的羊交配产下新的羊就成功了。从20世纪50年代到20世纪90年代，经过几代畜牧科技人员历尽艰辛，不懈努力，不断选育，才有了1995年的农业部组织的专家鉴定，认定南江黄羊为我国肉用性能最好的山羊新品种，才有了1997年南江黄羊的选育研究被授予国家科技进步二等奖，才有了1998年的被农业部正式命名的中国"南江黄羊"。①

<hr>

    ①   阳云：《笔走光雾山》重庆—重庆大学出版社，2010年第1版，155~156页。

育种历程

谈到培育南江黄羊的起始，则要从1951年说起，当时的川北行署为引进、培育良种牛羊，在巴中南龛坡建立了川北耕牛繁殖场，同时也分群繁育种羊，其中在北极乡柏杨坪建立了牧场。此繁殖场1954年下放给巴中县（今巴中市）管辖，1955年划属南江县，更名为南江县北极牧场。

新中国成立后，在20世纪50年代初胡耀邦同志任川北行署主任时，十分重视畜牧业的发展，在巴中南龛坡兴建起"川北耕牛试验场"。并逐渐扩大，延伸至南江县的元顶子牧区，建立了"元顶子牧场"，后移交南江，更名为"南江县元顶子牧场"。当"川北耕牛试验场"下放给巴中，改名为"巴中县耕牛繁殖场"后，仍按原川北耕牛试验场的发展与开发计划，继续扩展，向南江县的北极牧区延伸，又建立北极分场，后改属归口建成"南江县北极种牛场"后，经四川省畜牧处更名为"南江县北极种畜场"，1996年经四川省畜牧食品局将"北极种畜场"更名为"四川南江黄羊原种场"。

周岁母羊

周岁公羊

培育者与他们的羊老照片

农业部批准南江黄羊新品种　　　　南江黄羊新品种命名文件

　　当"川北耕牛试验场"移交给巴中，更名为"巴中耕牛繁殖场"后，在四川省农业厅畜牧处的倡导下开始养羊，于1954年牧场派人前往成都等地引进山羊优良品种进行杂交改良，并在1954年12月15日，达县专署〔1954〕716号文件在关于合并"巴中耕牛场"成立"南江元顶子牛场"的意见中，指出了生产发展方向："该场过去以繁殖耕牛为主，发展山羊为辅，现以奶牛、奶羊为主，与社会需要不相适应，特决定将耕牛部分并去南江元顶子种牛场，以繁殖役用牛和肉羊为主。"而后，随着场地的扩展，逐渐将山羊部分移往"北极牧区"。

　　引进的优良山羊品种对当地山羊进行改良形成了大量的杂交羊群，经对多品种杂交羊群进行多年选择培育和横交选育，在1973年形成了体型外貌较一致、生长发育快、产肉性能好的南江黄羊育种群，引起了当地党政的重视，并由达县地区畜牧主管部门以《达地农畜（1973）107号文》号召全地区进行大力推广。此后，经县、地、省科委和畜牧主管部门直到农业部列题研究，逐步进入有计划地育种阶段。1983年由四川省科委组织鉴定，认为南江黄羊已基本符合肉用山羊新品种的要求。经"七五""八五"定向选育，扩大了核心羊群，稳定了遗传性能。到"八五"末，已选育出特、一级羊共4595只，占等级羊的42.48%。从此，"巴山精灵"在南江县重点培育下逐渐走出南江，走出中国，成了"亚洲第一羊"。

南江黄羊的整个育种过程经历了大概40年，其中遇到的困难自不必说。科研人员不断突破一个又一个难关，不断探索和创新，使得南江黄羊不仅培育成功，且取得了瞩目的成就。

20世纪60年代养羊照片

20世纪70年代养羊照片

高山牧场——南江黄羊发祥地

国有育种场包括四川南江黄羊原种场（南江县北极种畜场）和南江县元顶子牧场，它们在南江黄羊新品种培育过程中起到了至关重要的作用，被誉为"南江黄羊的发祥地"。

四川南江黄羊原种场（原南江县北极种畜场）和南江县元顶子牧场分别位于南江县境东部和南部，连同场周边95个村落俗称北极、元顶子"两大牧区"。随着南江黄羊育种的推进，形成了南江黄羊育种基地。

南江黄羊原种场位于海拔1200米以上的地带，四周高山林立，远处白雾皑皑，似是与天相接，风景颇好。春季，许多叫不出名字的野花便散开在草地上，或是簇拥成群，耀眼金黄的，浑身开得湛蓝的，白色花蕊配紫色花边儿的，都在人们眼前跳舞。若是此时有几只黄羊经过，在开满野花

高山牧场一角

的草地上嬉戏，几只花斑蝴蝶围着它们的角玩耍，倒有几分田野之趣，恍若是人间仙境一般。

蝶恋山花

冬季，大雪封山，放眼之处，白茫茫一片。溪水表面结了冰，冰下的溪流还潺潺流动着，石子儿冲刷得透亮，枝桠上垂着冰晶，影子嵌在石子儿上，从冰面望去，似是隔着水晶看景致，有趣得很。早晨，羊儿排着整齐的队伍走出栅栏，远看像是茫茫天际缓缓舞动的一条深色彩带。羊队后留下或深或浅的蹄印，绣出一副若隐若现的梅花刺绣。

北极牧场风景

黄羊在北极牧场嬉戏

牧场上翩飞的蝴蝶和野花

　　现在，南江境内已形成以国有牧场为中心的"两场、十六乡"的南江黄羊育种基地，分3个纯繁区构成的南江黄羊育种基地区，并与南江黄羊扩繁区所属的44个乡（镇）在供种上相衔接。

执着的科研情怀
——南江黄羊科学研究所

南江黄羊科学研究所坐落于南江黄羊原种场，拥有大学以上文化程度的技术人员15名，其中推广研究员1名，高级畜牧师3名，畜牧师、兽医师5名。以南江黄羊科学研究所为平台，全国多家科研院所协作，成功培育出南江黄羊肉用新品种、南江黄羊高繁品系、南江黄羊快长品系，填补了我国无专门化肉用山羊新品种和新品系的空白，并先后荣获国家科技进步二等奖一项，四川省科技进步一等奖一项、三等奖二项、市级奖励八项，并与四川农业大学等院校建立了合作关系。此外，南江黄羊科研所还引来了国内和国外知名专家教授的关注，对"南江黄羊"这个品种赞赏有加，多次来黄羊科学研究所调研，并在南江多次开展科学研讨会，一起探讨南江黄羊的科学培育养殖和未来发展，取得了许多科研成果，在专业刊物发表了多篇论文。

洋人学羊经

南江黄羊科学研究所取得的这些成就与研究所科研人员的无私奉献息息相关，他们体现一种为了科学事业，勤勤恳恳、脚踏实地的科研精神。

南江黄羊自多品种杂交起，经横交选育，到1997年形成新的肉用山羊新品种群，历时近40多年。40余年的品种培育工作，可谓是历尽沧桑。当我们欣赏南江黄羊，品尝黄羊美味，体验黄羊文化时，有谁想到这是众多科研人员吃尽苦头、受尽煎熬的成果，有谁看到那些辛勤劳动的育种工作者，他们常年与羊为伴，住岩洞，吃野果。

洋人喜羊

在那荒山野岭、豺狼成群的北极牧场上，放牧人员有着从豺狼口中夺回小羊的勇敢；在培育初期，由于缺乏经验而导致羊群死亡，无人能知晓技术人员当时的绝望和悲伤；在"文化大革命"时期，"专家治厂""洋奴哲学"的帽子乱扣时，放牧技术人员有着坚守岗位，拼命保护南江黄羊命根的果敢和坚强。这些都是技术人员经过汗水、泪水甚至是鲜血的记忆。他们在生产环境和生产方式十分落后的条件下，在生活环境十分恶劣的情况下，仍然苦苦地追求着黄羊事业，一发现优良基因的载体，就像哥伦布发现新大陆一般狂喜。他们对科学的探索和执着，在南江黄羊科研所开花结果。直到现在，我们还可以在南江黄羊科研所的档案柜里找到那些泛黄的层层叠叠的黄羊资料，许多都是技术人员跋涉崎岖山路，走遍整个牧区，对羊群进行了实地考察之后，得到的数据。

现在，南江黄羊这一品种早已获得"亚洲第一羊"的称号，黄羊研究所的技术人员也换了一批又一批，早已告别了过去那十分艰苦的科研环境。

南江黄羊科学研究所部分科研人员合影

　　研究所位于南江黄羊原种场，虽然风景秀丽怡人，但是因黄羊研究所距离南江县城很远，到最近的小乡镇开车也需要走一个多小时的颠簸山路，生活物资匮乏，又由于研究所暂时没有开通网络和燃气，平日多有不便。"电视看锅盖，手机偶尔在信号带"，这便是研究所的真实写照。

　　黄羊研究所的工作人员最难熬的是寂寞，有的一两个月才能够见老婆孩子一次，有的需要大半年才能回家一趟看望父母。虽然对亲人难以割舍，但是为了南江黄羊事业，他们也不得不忍受孤独。黄羊研究所的工作人员生活工作上相互照顾，同甘共苦，早已情同手足。工作之余，他们打乒乓球、篮球，或一起坐在那台唯一的电视机前看电视。

　　陈飞和何林芳是刚毕业不久的大学生，同时也是黄羊研究所的新生力量。对于年轻的大学生来讲，能够选择到偏远的山区工作实属不易。他们对于自己的选择一点都不后悔，惬意地享受着这份枯燥、孤独的科研之路。

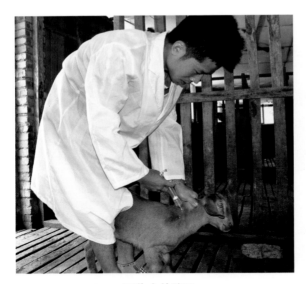

工作中的陈飞

陈飞今年28岁，毕业于西南大学动物科学专业，于2012年10月来到黄羊研究所工作，他在研究所的主要工作就是对5个羊队进行日常管理，如疾病预防、清理数目、记录数据等，工作非常琐碎。2007年就已毕业的陈飞，毕业后应聘到重庆工作，当他还在重庆工作时，从朋友处了解到南江黄羊研究所正在引进人才时，就毅然回到了家乡。陈飞说，他从小就喜欢与动物打交道，动物科学是他最喜欢的专业，即使是放弃在大城市的工作，回到大山，但能够从事与动物科学相关的工作，还能够报效家乡，便无怨无悔。

管理5个羊队说起来简单，其实不是什么轻松的事情。黄羊研究所距离最远的羊队有3个多小时的崎岖山路。去羊队时，还得算着羊回圈的时间，人跟着羊的时间走，羊吃饱喝足了，回圈了，陈飞才开始他的工作。有时羊回得晚了，他还得在羊圈外等许久，常常是从天蒙蒙亮出发，到天黑尽时才回研究所。除了检查、获取数据之外，在防疫时段羊队里的羊至少要打3次疫苗，陈飞常常离开研究所去其他羊队与牧羊人同住。一去就是几天，而在羊队的生活条件也更为艰苦。

山里的天气也变化无常，前一分钟天晴，后一分钟飘雨是常事，若是遇到暴雨，山路泥泞难走，更是艰辛。提到这些，陈飞倒觉得没什么，他笑着说，他本来就是南江的孩子，从小在这山林间走习惯了，这点路程根本算不了什么。他还说，这算是好的了。在28个羊队中，有的同事管理的羊队极其偏远，坡度很大，路非常难走，路途荒无人烟，这荒山野岭中，要是天突然转黑下起雨来，倒有几分危险。现在，到羊队的公路也在慢慢修建中，情况已大有好转。

说到在研究所工作与在大城市工作的差别，陈飞说他就是从小在山里长大的孩子，对于大山早已有了一份亲切之感，并且工作的领导和同事待他非常好，让他体会到了在大城市中难以得到的亲情。

何林芳是研究所里唯一的女孩子，戴着一副眼镜，显得十分斯文。

何林芳今年27岁，2010年毕业于西南大学动物科学专业，2011年6月到黄羊研究所工作。她主要负责整理黄羊资料、收集数据及做一些办公室事务。何林芳说，她在毕业之前就已想好要到南江来选择动物科学方面的工作，也一直都往这个方向努力，虽然其中有些插曲，但她庆幸自己最终从事了这份令她梦寐以求的事业。

何林芳刚到研究所的时候，由于山上的条件非常艰苦，洗漱常用不了热水，生活也有诸多不便，还要忍受与丈夫分别的思念，心中不免有所伤怀。为了帮她跨越心理难关，研究所的同事找她聊天谈心，分享研究所的

何林芳整理育种资料

趣事，生活上也对她特别照顾，渐渐地，她习惯了研究所的艰苦生活，并且还喜欢上观察南江黄羊，尤其是乳羊，看到这些可爱的小家伙慢慢长大，哀愁伤悲都抛到九霄云外了。

提到研究所艰苦的生活环境，何林芳倒是很乐观。她说，她刚来的时候连厕所和浴室都没有修好，只有那种老式厕所，"方便"时需要特别小心；洗衣服也只能够在石板上搓洗，现在有了专门的洗衣间、洗衣台，还安装了太阳能热水器，便利了许多；娱乐活动从几乎没有到现在的打乒乓球、羽毛球、篮球，网络和电视信号也会逐渐接通；下暴雨的时候，上山上不去，下山下不了，现在通了水泥路，有了车，随时都可以上下山。看到研究所的工作和生活条件越来越好，她心中感到非常欣慰。

何林芳说，在黄羊研究所工作中所获得的知识是学校不可比拟的，在这里，所里领导及其他同事对她和陈飞进行了许多专业的指导和培训，使她真正地领会到了南江黄羊培育养殖这门学科的精髓，并且在理论与实践的结合中，她的专业知识也愈发的扎实。

何林芳的丈夫现也来到了黄羊研究所工作，他们将在这里扎根，一同投身到南江黄羊事业中。提到未来，何林芳希望和丈夫一起，在研究所中努力工作，不断学习，培育出更多的精品南江黄羊，并将南江黄羊引种到全国甚至世界各地。

漫话羊"格"

羊是中华文化重要的物质符号，几千年的文化积淀，赋予了不同地域、不同种群的羊以不同的文化象征意义。而南江黄羊这种年轻的羊种又有着怎样的特质，诠释着怎样的精神呢？

勤奋

在放牧过程中，南江黄羊一天奔跑采食的路途有5~10公里，它们总是很勤奋地采食。除幼羊睡眠时间较长外，一般成年羊白天只睡5~6个小时，两个采食轮回的时间大约5个小时左右。总之，南江黄羊一天总计"参与劳动"的时间大约在10小时到12小时之间，它是所有家养动物中最勤奋的。

勤奋的南江黄羊

　　勤奋同样也是南江人的精神所在。在南江黄羊的培育过程中每刻都需要付出无数的艰辛与汗水。正是一拨又一拨为它们付出心血的研究者和饲养者，才有了今天的南江黄羊。

母羊觅食

跪乳

等待妈妈的小羊

感恩

　　我国自古便有羊跪乳的寓言，讲的是母羊在给羔羊喂乳时，羔羊会跪着吮吸乳汁，既表达对母亲恩情的感激，又让母亲喂乳时不至于那么辛苦，以此引申出感恩之意。而南江黄羊更为奇特，母羊与羊羔同住一个羊圈，每日清晨，母羊们都出去觅食，羔羊则待在羊圈附近等待母羊归来。每日傍晚，羔羊记忆着母羊们回圈的时间，到母羊们归来之前，羔羊们便一涌而出，跳跃到高高的岩石上，凝望着母羊们回家的方向，长长地呼唤着。南江黄羊的叫声尤其独特，好像是呼唤着"妈妈！妈妈！"。羔羊们急切地盼望着母亲的回归，声音更加深情动人。有羔羊久久未见母羊回家，甚至会跳到更远的山坡上等待。一到傍晚，牧场的山坡上便长久地回响着羔羊对母亲的呼唤。当母羊回圈时，羔羊见到各自的母亲便不顾一切地冲了上去，母羊见到自己的孩子也飞奔向前。羔羊在母羊的怀里撒娇，母羊亲吻舔舐着自己的宝宝，动人情怀。有的母羊掉在羊队后面，它的羔羊便在岩石上一动不动地停驻着，眼睛死死盯着前方的山坡，透着焦急之情，水灵灵的大眼睛似乎浸透着泪水，任凭你用尽各种方法吸引它的注意力，也无法让它的眼睛移动分毫，好一副可怜的样子。南江黄羊羔羊每日都等待着母亲的归来，从未错过一天，这奇特的情景让人为之动容。好一个"黄羊孝子！"

母与子

和谐

南江黄羊的纪律性很强，每次放牧时都没有羊掉队。采食或放牧，都喜欢成群结队行动。行走时只要有头羊带领，不论高坡陡岩都能跟随前往，如有个别掉队，则鸣叫不已，并很快赶上。即使它正在享受着最鲜嫩的草叶，只要看到羊队调转方向或是向前行进，便停止进食，又排列到羊队中。从羊圈里出来到山丘散放的路上，它们就似有灵性的排得整齐，背上的黑色纹路形成了一条直线，远远望去，似一条黑色精灵缓缓游走在崇山峻岭之间，映衬着蓝天草地，显示着勃勃生机。中国汉字"群"就是根据羊的这种团结和谐而得名。

讲究

南江黄羊喜欢干燥、清洁，很有些绅士风度，吃、住、行都十分讲究。

常言道，羊吃"百样草"，喜食灌木叶和树木的嫩叶枝，南江黄羊也不例外。但是南江黄羊在择食上显得很有讲究，如果一经践踏或弄脏霉烂的草料，宁愿挨饿，也不再采食。无论是放牧采食，还是圈养供饲，总是

黄羊采草

"绿色食品"

喜挑好草、嫩草，且先食草叶，再食枝茎。在游走择食中，也是面向好草前行。而圈养供饲时，食槽中剩下的往往都是茎的部分，嫩枝叶都被啃食干净。如切短玉米或青贮玉米，先食去叶片，然后在无叶片的情况下，才偶尔采食茎。如果遇到污染了的水，它渴死也不喝。南江黄羊还喜欢住高处，喜欢住楼房，不走烂路，如果走了烂泥巴路还会得腐蹄病。

南江境内共有25条河流，牧区水流较多，且由于海拔多在1500米以上，雨水多且无任何污染，河水清澈见底，富含矿物质，人完全可以直接饮用，是不折不扣的原生态山泉水。南江黄羊长期饮此水成长，因此对水质要求也极高。它饮水时，都要先用鼻子闻一闻，看看有无异味，长此以往，几乎只饮取纯净天然的牧区水源。

吃食嫩草，饮用山泉，南江黄羊在南江牧区优良的环境中习惯了优质的生活，养成了"讲究"的个性。

黄羊常食草料

皇室之胄

群羊牧归

灵性

　　南江黄羊没有猪牛的憨痴、机械呆板，它活泼好动，性格机灵，喜欢搞些"健身运动"，诸如攀登高坡峭壁。它特别喜欢跳跃和站立在石头上玩耍。南江黄羊是懂感情、通人性的。它身上的黄色代表了"黄金万两"，它身上的黑色代表了财富。因此，在当地有一种风俗，如果有人买了新货车，第一趟一定要拉一车南江黄羊，这样才能发"羊"财。它对外界的刺激反映强烈，易于体会人的意图，在放牧时或日常管理中，放牧员可用固定的口令或口哨音进行调教。南江的下两镇，还专门为羊开了一个别致的赛羊会，以"赛羊展、赛羊食、赛羊星、赛羊舞、赛羊经"为主题，其中赛羊星由专家组对每只参赛的黄羊选手进行严格公正的评判，

玩耍嬉戏

休闲时光

选出"黄羊明星""黄羊公子""英雄黄羊母亲""黄羊王子""黄羊皇后"。赛羊舞则为妙趣横生的黄羊时装表演和公羊角斗，加上农家汉子们手舞足蹈的牧羊表演，声情并茂的牧羊山歌组合，演绎出了"人羊合一"的自然天成。

南江黄羊个性鲜明，有的倔强、脾气暴躁；有的过于好动、好斗；有的则很沉寂，像个害羞的姑娘。牧羊人有时给予那些个性过于突出的南江黄羊"特殊照顾"，在脖子上挂一个铃铛，看着这一群黄羊就像是幼儿班的小朋友般，着实有趣得很。

　　此外，南江黄羊还是动物园和马戏表演的明星。在马戏团的动物表演里，我们最常见的就是猴子，它也被认为是最为聪明的动物之一。南江黄羊在经过一段时间训练之后，也能够表演一些高难度动作，如跨羊跳、跳火圈等。它们的表演生动有趣，透着股聪明劲儿，优美的体型加上灵巧的动作，一定会让您过目难忘。

跨羊跳

山羊敬礼

黄羊造型

羊蹬花瓶

羊走钢丝

羊走梅花桩

127

羊转圈

羊直立行走

羊拉车

羊钻火圈

南江黄羊与黄羊人

　　南江，这个曾经贫穷的山区县，如今靠着养羊逐渐富裕起来，改变了它曾经的模样。靠养羊致富并不是什么新鲜事儿，但南江人养的南江黄羊却不是什么普通的山羊，它对南江人来讲，已不仅仅是一个值得自豪的优良品种，不仅仅是盘中美食，甚至不仅仅是一条通往小康大道的致富之路，它更是南江人朝夕相处的伙伴，是南江人的心头肉，是南江人骨血中的山人情怀。

南江黄羊之父——王维春

　　巍巍青山、葱葱绿水，令人魂牵梦绕的南江土地，哪里有人，哪里就有南江黄羊，哪里有南江黄羊，哪里就有动人乐章，就有着人与羊的传奇故事。

王维春的黄羊

故事要从1963年说起。

1963年7月14日，王维春刚从西南农学院（现西南大学）畜牧专业毕业，只身来到大巴山区的南江县从事畜牧业务技术工作。王维春被分配到北极种畜场。刚来到北极种畜场时，他发现山上的条件异常艰苦，山高路险，野狼成群。当时，面对这一现实，他心都凉了半截，产生了退却的念头，但是看到当地落后的畜牧养殖技术和贫穷的状况，想起了他被分配到这里的初衷——用科学技术服务大山人民。在他看到北极山上留下的一幅幅红军标语，知

王维春

道这里是红军战斗过的地方之后，他觉得自己绝对不能够当一个逃兵，同时深刻地感受到来到南江后身上担子的分量，更坚定了他立志服务大山、服务山区畜牧业的信念。

当年建场时，山里只有几处茅草窝棚，王维春常常与放牧人员一道与羊为伴，住在岩壳里。在人迹罕至的大山深处，忍受着孤独与寂寞，从事山羊新品种选育研究。最初，牧场既养羊又养牛，有12个畜牧队，分布在6.7万多亩的大山里，没有公路，全靠徒步行走。要把12个畜牧队跑遍，就是抄近道也得十天半月。但是，为了培育山羊新品种，跟踪观察羊群，每个队每个月至少得去一趟，大约330公里。有时，他误入荒野，一两天走不出山，找不到农户。渴了，就喝山沟里的水，饿了，就吃山上的野果，晚上，与羊群同住一个岩洞。一次，一大群野狼袭击羊群，撕咬一头小羊羔，为了赶跑狼群，王维春啥也没顾就向狼群冲去，险些丢命。后来，因建场需要木材，而运输木材需要步行240公里，不得不购买骡子来驮。因口蹄疫的影响，王维春遍寻达州、阿坝等地，历尽艰辛购买，才有了牧场后续的顺利建设。

北极种畜场的冬天，冰雪封山，寒风刺骨，到处是冰冻，一步不稳，就会滑下几十米的深沟。一次，王维春到大明垭羊队观测羊群，途经麻羊嘴1800多级陡峭的石梯路，一不留心便滑到30多级石梯下，摔断了锁骨。还有一次，王维春杵着他自制的标有刻度的丈量拐杖，背个帆布包去牧场。由于山上下雨路滑，在下坡的时候摔了一跤，向坡下滑了很远，帆布包被划破了，拐杖也断裂了，腿摔瘸了，只得一只脚跳着走。王维春回忆说，若是没有拐杖给挡一下，恐怕是凶多吉少。

北极种畜场的夏天，骄阳似火。王维春跟随羊群在荆棘中穿行，在悬崖深涧中攀爬，全身划得伤痕累累。成群的毒蚊叮得满身是包，草丛中的旱蚂蟥稍不留神就爬满双腿，叮得腿上鲜血直流，这都是常有的事儿。

1963年10月，王维春正望着羊群寻思着选种育种的问题，突然望向山坡上觅食的羊群，一只乖巧的羊碰巧来到它的面前，他眼前一亮，只见这只羊背部有一条整齐的黑色背线，大概6个月龄，是一头光头无角公羊，身体看起来比平常的羊高大不少，仔细观察，这只羊具有毛色鲜亮柔顺、

群山深处

体型匀称等诸多优点，令王维春喜出望外。经过反复的测定，这只羊在6个月龄就已达到42公斤，发育得非常好。时间到了1966年4月，王维春像是守着宝贝似的看着它成长，简直视为掌上明珠。这只羊也不负所望，生长快速，发育良好，到了成年时期，体重就已达到106.5公斤。同事们都感叹道，这只羊可以卖到80多块钱，比一头肥猪要多卖30多块钱，简直是不可思议。但是好景不长，"文化大革命"时期，一群造反派肆无忌惮地在北极种畜场杀羊卖羊，如意算盘竟然还打到了王维春的这只宝贝羊身上。就在一个星期天，王维春要到大河镇去购买食盐喂羊，等傍晚赶回到场里的时候，同事告诉他造反派已把他的宝贝羊卖给了外贸局。王维春听后，二话不说，拔腿就跑，硬是狂奔了30多里，终于将那只宝贝羊追了回来。后来，这只羊眼睛被戳瞎了一只，又因其光头，取名为"大瞎光"。正是王维春的无畏无惧，不屈于恶势力，才保住了"大瞎光"，也正是"大瞎光"，在日后的定群中发挥了重要的作用。此后，王维春又发现了特优母羊并取名为"老太婆"。"老太婆"是黄红色的有角母羊，体重达到了88.5

公斤，体高为83厘米，并具有特别出众的繁殖性，最多时一胎产了5只羊。另有一只体重为94公斤的绰号为"大板角"的公羊和"大瞎光""老太婆"一起转入横交阶段，为南江黄羊的问世奠定了基础。

　　1967年，极"左"思潮泛滥，谁提出搞科研、搞育种，就给谁扣上"专家治场""洋奴哲学"的帽子。北极种畜场的羊群死的死、卖的卖，王维春忧心如焚，为了保住南江黄羊，在工人们的推荐下，他出任种畜场"抓革命促生产领导小组"组长，坚持经常深入羊群与放牧工人一道放牧观察，搞"地下研究"，挽救了一大批重要的育种资料。可是，他也因此被扣上"洋奴哲学""变色龙"的帽子，时常挨批斗。这时他既不能上县城，也不能进场部，只能整天放牧羊群，造反派们都懒得理他，这恰恰给他提供了观察山羊的生物学特性的好机会。之后不久，王维春经过严密的思考论证后，写了《关于北极种畜场经营方针和育种方向的建议》，这份报告奠定了日后北极种畜场的发展方向，同时提出了北极种畜场将养殖重点转移

王维春（左一）和科研团队一起观察黄羊

黄羊剪辑

135

到培育山羊新品种上的意见。王维春认为应该扩大羊群，于是从南江出发，到成都去引种山羊。那是1968年，四川"文化大革命"中武斗最为厉害时间，王维春一心想着黄羊，不顾自身的安危，当年1月18日带着800块钱从南江起程去成都，途经南充遇武斗，又转辗广元，再到成都。刚到成都，他才发现连公交车也因武斗全都停了。拿着介绍信，王维

中国工程院院士刘守仁与王维春(右）在一起

春在去温江、双流之后，搭煤车去新津。从新津回成都的时候，旁人告诉他，那些交通车被打了好些弹孔，交通已经瘫痪。于是，王维春不得不花整整一天的时间从新津步行回成都。直到3月8日，他才步行至火车北站坐汽车回南江。此后，王维春多次去成都等地引种山羊，虽不似当初冒着生命危险，但由于当时交通十分不便，其引种的艰难程度，绝非常人所能了解。

有了定群的种羊，有了规模化的羊群，王维春带领着他的科研队伍一起不断探索研究，期间不知做了多少实验，阅读了多少相关专著，熬了多少夜，吃了多少苦。终于在1997年，他和他的助手们成功地选育出南江黄羊。南江黄羊体格高大，被毛黄色，生长发育快，繁殖力高，适应性强，肉用性能好，它的培养成功改写了国内无人工培育肉用山羊品种的历史。在无数的荣耀和光环笼罩的时候，王维春并没有骄傲自满，而是更加投入到南江黄羊的后续研究上。当成功培育出南江黄羊时，他感叹

爱羊如子

到自己毕生的夙愿终于完成，他迫不及待地想让这项科研成果转化为贫困山区人民的财富。

为了培育南江黄羊，王维春付出得太多太多。由于常年的高山野外生活，王维春患了严重的痔疮。1983年，患了10多年的痔疮越来越严重，每天流出的鲜血浸透了藤椅上的坐垫，当时他还患有被称为难治之症的"三型肺结核"，这时也正值"南江黄羊选育新品种群"课题验收的关键时刻，成千上万只羊的数据需要采集，大量的研究材料需要撰写，上百万组数据需要运算。尽管疾病缠身，他还是坚持每天工作近20个小时，忙了3个月，验收结束，他的体重居然下降了10多公斤。1993年9月初，王维春接到母亲病危通知，让他火速赶回。当时他在北极山上执行农业部下达的"八五"攻关计划，由于交通不便，第三天赶回老家时，母亲已等不住他，带着遗憾去世了，这是王维春觉得今生最愧疚的事。

王维春在南江黄羊发展讨论会上发言

还有许多像王维春一样的科研人员，为南江黄羊奉献着自己的青春、热血甚至生命。南江黄羊与人的传奇故事还在继续上演，不会因时间而消亡。王维春与南江黄羊的故事也早已化作了"黄羊精神"，激励着南江人不断前行。

高山牧歌

绵延的群山披上了碧绿的绣花毯子，天空澄澈而明净，溪水潺潺，清脆的铃音挂在半山坡上，穿过这边的山头，越过那边的山头，悠悠地诉说着牧羊人与南江黄羊的不解之缘。

这是平凡的一天。牧羊人老裴六点就起了床，带上干粮和牧羊的用具，赶去羊舍。夏季，山里亮得早，嫩草尖儿上还挂着露珠，空气里弥漫着野花的香味，鸟鸣蝶舞，生机勃勃。老裴的家距离羊舍很近，他惦记着出生不久的几只小羊羔，加快了步子。

还未到羊舍，远远便听见黄羊亲切的叫唤。老裴打开门，开始打扫羊舍。羊舍很大，关了差不多100只羊，但羊膻味并不大。自打老裴进舍，100多只羊齐刷刷地盯着老裴，目光也跟着他的动作移动，老裴要扫哪里，羊便主动让开，那乖巧懂事的模样，像一群可爱的小娃娃。老裴见状，自豪地说："这黄羊儿哟，通灵性得很，平时都多乖多懂事的。"打扫完毕，老裴便开始检查乳羊的身体状况，他高兴地抱起一只小羊羔说道："看这只羊嘛，才十几天哦，都这么大了。"

待到准备工作都做好了，老裴一声吆喝，一大群黄羊就似活泼可爱的小孩使劲儿往羊舍外面冲，来到羊舍外后，黄羊便有纪律地排起整齐的队来，悠悠荡荡地向山上前行，背部的黑色线条忽而笔直，忽而弯折，在山坡上作画一般。老裴紧紧跟着最末的一只羊，这只羊怀孕了，小腹微微凸起，走路的时候要慢上许多，上坡有时上不去，老裴得轻轻地从后面推着它走，下坡的时候坡太陡，路又滑，老裴就扶着它的身体，备加小心。前面的羊碰到自己喜欢的食物，便自个儿去采食，有的羊颇有个性，喜欢到处乱窜，老裴给它拴个大铃铛，免得跑丢，或是吃了别家人的粮食。突然，老裴嗓门提高了许多，吆喝着前面的几只黄羊。原来，其中一只羊因病耳朵上被打了孔，看起来有些奇怪，其他羊觉得怪异，便蹭着排挤它，老裴见状，就去护着这只病羊。"这些羊儿就跟自己的娃儿一样，手板手心都是肉"，老裴怜惜地说着。

　　越往前路就越窄，到最后几乎没有了路，只得手脚并用地攀爬。黄羊喜攀登，最爱吃高处的嫩草叶，再陡峭的山坡，轻轻一跃便跳了上去，越是险处，黄羊却越是显得精神，步子也愈加地快。老裴今年已49岁，在后面追着黄羊，偶尔吆喝一声，都小喘着气儿。到了山顶的时候，黄羊便散开来，各自去悬崖峭壁上觅食。它们在山头和陡壁上矫健地跳跃着，背上的黑线在绿色丛中若隐若现。偶尔，一只黄羊从那灌木树枝中机敏地探个头出来，一会儿又贪婪地采食起来，那机灵乖巧的样子活像个精灵，惹人

羊精灵

喜爱。而老裴则坐在一块大石头上，远远地望着他的宝贝黄羊，"这三十多年来，没有哪天没和我的羊儿在一起，哪天要是没有看到它们恐怕还多不习惯的哦"，他自言自语道。耳边隐隐传来了阵阵铃铛声，似是回应着老裴的感叹。老裴继续说道："平时，我从来就没有和我的娃儿婆娘一起回家看过我爸妈。过年的时候，简直说不出那种滋味，人家家里都是欢欢喜喜地过年，我呢，就和我的羊儿在山上过。这一过就是三十多年。当初，每到过年的时候，我在山上放羊，就像现在这样坐着的时候，村里面就正好在放鞭炮，那声音就荡到这山里面来了，我听到的时候，想起家里团团圆圆在一起的热闹，那味道，不晓得是啥子，堵得慌得很。现在嘛，习惯了，好些了，我的羊儿也就是我的家人，每天都在一起的。但是有件事情我要悔恨一辈子，就是我母亲去世的时候，有人来通知我，因为在山上放羊儿嘛，结果我赶回去的时候都来不及了，之后母亲的后事也因为要放羊，我都没有去打点好，简直是太不孝了。"说到这里，老裴沉默了，他站起来，眺望着家的方向，泪眼蒙眬。老裴身后的黄羊儿继续寻觅着美食，高处空中，一只老鹰盘旋而过，偶尔一声鸣叫，划破天空。

老裴打扫羊舍

老裴放羊出圈

　　到了中午的时候，老裴拿出自带的盒饭来吃，夏季温度太高，有时吃饭的时候才发现饭已坏掉，不得不忍受饥饿。老裴絮絮地说："我们南江人跟黄羊跟久了，晓得了它的习性，现在我们的伙食哪个时候吃都要跟着黄羊的饮食习惯走，一般都是黄羊吃饱了，我们才吃。"

　　下午5点的时候，黄羊就停止了觅食，慢慢地往回走。原来这羊群里边有还在哺乳的母羊，它觉得自个儿吃得差不多了，便要回去给乳羊喂奶，每日差不多都是这个时候，即使没有老裴带领，即使是刮风下雨，它们都能够准确地找到回羊舍的路。于是，一人，一群羊，又排着整齐的队伍沿路返回。此时，夕阳的余晖映照在老裴的脸上，似乎在雕刻着他的岁月，而这长长的羊队，流动出金色的光芒，那响亮的铃铛，就像扔进了水中，泛起了涟漪。

黄羊去山坡采食

到了冬季，大雪封山，绵延的群山白雪皑皑，不见一丝绿色，这是最难熬的季节。老裴带着他的羊儿长途跋涉，四处去寻找食物，常常是两三周都回不了家。羊儿在山上四处艰难觅食，老裴面临着食物短缺的困难，在干粮不足的情况下，只有去寻找大山里稀少的人家借粮食。山路本就难行，再加上山中风雪交加，更是雪上加霜。冬日傍晚时分，老裴还要忙着寻找岩壳，生火做饭取暖。晚上的时候，他便和黄羊挤在一处睡，岩壳冰冷刺骨，潮湿得很，老裴也落下了风湿关节炎的毛病，从不见好转。

这三十多年来，磕磕碰碰总是难免，皮外伤都是常事，手臂也折过，一直没有恢复。有一次，黄羊到山顶觅食，看到临近的峭壁上有鲜嫩的草叶，正想着跳跃过去，又觉得危险迟迟不敢行动，老裴见这情况，知道如果黄羊儿跳过去肯定会摔得粉身碎骨，吓得出了一身冷汗，立即手脚并用攀上去，钻到羊儿肚子下面，硬是顶着它远离了危险。以前，这山里还有青狼出没，羊儿自由觅食时，有时会被突袭咬死，看到母羊在被咬死的小羊前呼唤，老裴心里一阵酸楚。这之后，他总是带上防身器具，紧盯着羊群，待青狼再次来袭，老裴毫不退让，一次又一次地保护了羊群的安全。

寒来暑往，日出日落，老裴就这样和黄羊一起度过了漫长的岁月。

三十年，他白了发，斑驳了脸颊。

三十年，黄羊几乎成了他生活的全部。

"这整个大山我摸得透得很，随便放在哪里我都找得到。但是你们信不信，放我到一个大点的城市，就跟你们来这山里一样，魂都摸不到了。"

"活了这么多年，火车我都没有看到过。"

"我认识的羊比认识的人都还多。"

…………

牧羊路上

南江黄羊——南江人的"小金矿"

从未见过哪一方水土,从农村到小城镇,家家户户养羊。从未听过哪一方民众,从大人到小孩,提起羊都赞不绝口,莫名的亲切就像是春雨滋润着干涸的土地,阳光照射在冰封的山林,南江黄羊给贫穷的南江人民带来了生活的希望。他们依靠着勤劳的双手,养羊育羊,创下了一个个养羊致富的神话。

巴山深处"黄羊村"

南江县兴马乡鱼池梁村地处海拔1200米的中山地带。境内群山起伏,牧草丰茂,总幅员7.92万亩,各类草地占50%。该乡不少农户自1972年起从北极种畜场引种南江黄羊进行繁殖,并于1975年在鱼池梁村办起了集体羊场。1983年南江黄羊通过省级验收,不断向农户扩大繁殖。并率先与北极种畜场和县黄羊科研所签订了联合育种合同,形成了南江黄羊育种基点村。该村在草场利用、羊舍修建及配套设备等方面制定了优惠政策。全村先后300余人次参加县、场、乡养羊培训班,共修建羊舍3000多平方米,迄今全村已累计出栏种羊及肉羊6800多只,2014年全村存栏2350只,人均2.25只,比去年同期增加1.45倍。近几年,户均养羊收入12.5万余元。老百姓深有体会地说:"家养一只羊,送儿进学堂;家养10只,开个小银行。"

山村有位"羊状元"

鱼池梁村一社刘兴英,1984年底兄弟几人分家,分得了3只大母羊,他依靠在集体羊场放羊和参加培训班学得的养羊技术和知识,决心念好"养羊经"。于是他一边扩大生产规模,一边深入钻研技术,狠抓提高羔羊成活率,加强种羊培育,到1990年羊群稳定存栏130只,并累计出栏206只,收入15810元,一跃成为全县养羊万元户,获得"羊状元"的美名。

群羊出栏

1991年他投身北极种畜场联合育种的事业，积极应用"五推五改"技术攻克"5个90关"，使羊群的配准率、繁殖率、合格率、育成率、贮草补饲率均达90%以上。1990年春能繁殖的母羊有50只，产45胎，93羔，成活85只，受配率达90%，胎平产羔率206.8%，羔羊成活率达91%，并出栏46只，收入5500元。近十年来他累计出售羊370只，收入达4万多元，家有存款10万余元，现养羊124只，不愧为养羊典范和技术能手。他多次受到县、区、乡的表彰和奖励，1992年还当选为县人大代表。

村主任念起养羊经

仁和乡石峰村村主任李永明面对的是一个穷山村，全村600多人在人均仅一分水田一亩山坡地上辛勤耕种，生活难以维持。

在调整农业结构中，他接任了村主任的重担，便利用几千亩荒山草坡的自然优势，瞄准南江黄羊，带头饲养。1985年他贷款购回黄羊母羊13只，边学技术，边实践，通过5年的努力，繁殖成活羔羊207只，出栏166只，收入1万元后还圈存54只。他现身说法，鼓励全村群众一起养黄羊，并于1991年通过与北极种畜场联合育种，采取借羊还羊的办法，借能繁母羊56只，兴办起村级羊场，为缺羊、缺钱的农户解决缺乏羊源困难，

喜谈黄羊

并在北极种畜场聘请技术人员进行指导，更加激发了群众养羊的积极性。现全村80%的农户都已养起了黄羊，30只以上的大户10户，存栏1164只，人均1.9只。2013年全村共出栏羊400多只，收入48万元，人均800余元。李永明本人家里近几年平均饲养400只以上，现存栏羊只157只，能繁母羊78只，南江黄羊的扩繁在该村越来越快。

人大代表在养羊

全国人大代表汪其德，在畜牧部门的指导下，流转宜牧草山草坡、疏林地10000余亩，创建南江县沙河五郎万亩南江黄羊养殖示范园区。按照"龙头企业+专业合作社+家庭牧场"的生产模式，依托资源优势，组织发动周边农户大力发展南江黄羊，形成了"以五郎标准化羊场为中心，周边'五镇、十村、百场'为黄羊养殖辐射带"的百里黄羊产业带。目前，该园区新建标准化规模羊场圈舍1000平方米，发展合作社成员206户，具有年出栏黄羊5万余只的生产规模。

漂亮的羊舍

"我是一个地道的农民，作为人大代表就要念农经、从农事、为农民……"汪其德掷地有声地说。2013年7月，他又在沙河镇红旗村流转荒山荒地36000余亩，创办了设有生猪养殖基地1个、万亩蔬菜生产基地两个的四川德健农牧科技有限公司。按照"牧—沼—经"的种养循环生产模式，带动合作社员与周边群众从事畜禽养殖及蔬菜种植。目前，公司年出栏无公害生猪10000头、有机蔬菜1.3万吨以上，产值4800万元。

发展没有止境，为民正在路上。2014年2月，他将目光聚焦到了南江黄羊产品加工上，南江隆兴食品有限公司按实际评估金额入股，与四川德健农牧科技有限公司联合组建四川德健南江黄羊食品有限公司。目前，资产评估、入驻工业园区地块选择等工作已完成，其他事宜正在有序推进。

拆房养羊传佳话

家住东榆镇跃进村的岳高峰，为保障羊只安全越冬，他毅然拆掉2间住房，改造成简易圈舍，供羊群御寒保暖。经科学管理、悉心照料，他在

规范标准的家庭羊场

2013年2月购买的79只黄羊同年11月便增至179只。尝到养羊甜头，他养殖南江黄羊的信心更足，决心更大。2014年初，他投入20余万元，在当地党委政府和畜牧部门的关心和帮助下，建成了面积达500平方米，标准化程度在全县乃至全市都少有的规范化羊场。同时他与附近的杨建科互帮互学，相互交流建圈养羊经验，取得比学赶超、示范引领的良性带动效果。在跃进村羊倌岳高峰拆房养羊传为佳话。

依托绿色资源　发展生态养殖

2013年7月，家住黑潭乡石笋村的在外发展获得成功的谭治国毅然转行，回乡依托当地绿色资源，发展生态养殖。

在相关部门协调扶持下，他在海拔800~1430米的元顶子片区租赁、流转山场、集体林地15000余亩，创办南江森泰牧业有限公司，并担任董事长。公司秉承"生态饲养、绿色产出"的理念和以"突出发展黄羊，同步发展肉牛、家禽"的思路，充分利用当地饲草资源丰富、环境生态环保的优势，种植高丹草、黑麦草等牧草100余亩。修建办公用房300平方米、牛羊圈舍5000平方米，修建道路6公里、蓄水池3口2000余立方米。目前，公司有南江黄羊537只，其中能繁母羊478只，种公羊36只，年内可达

整洁的羊舍

1300只；肉牛30余头，年内达到150头；巴山土鸡3000只。

"我的选择没错，在家创业不比在外差啊！"谭治国自信地说。下一步，他将与四川北牧南江黄羊集团公司签订销售合同，逐步走上"产销一条龙"的产业化道路，并计划用5年时间，发动周边200户群众组建南江黄羊养殖专业合作社，通过抱团发展、同闯市场，带领农户依托畜牧产业增收致富反哺家乡。

羊倌评上省劳模

沙坝乡草坝村田绪光，充分发挥北部山区环境条件生态、植被资源丰富等优势，采取"社员入股，国家配股"的方式，筹措资金60余万元，发

劳模羊倌

动108户社员组建草坝南江黄羊光彩互助专业合作社。担任理事长的他，积极改变传统饲养方式，创新发展模式，采取礼品传递的方式，带领广大群众养殖南江黄羊，依托畜牧产业增收致富。2013年底，该合作社社员增至134户，存栏黄羊7000余只，人均增收235元，并带动两省（四川、陕西）三县（南江、通江、南郑）1300余户养殖南江黄羊20000余只。合作社先后被评为"市级示范专业合作社""先进合作社"，个人获得"四川省第六届劳动模范""优秀共产党员"等称号。

先修羊房后建洋房的养羊人

昔有孟母三迁成典故，今有随羊而居传佳话。

桥亭乡铁坪村有这样一个"怪老头"，在别人都把家从山上搬到条件好的山下时，而他却携家带口地来到了海拔1000多米的山上，为何如此另类，让大家百思不得其解。几经周折打探才知，大家眼中的"怪老头"，名叫雷清平，现年45岁，他不辞辛劳搬家就为养羊。雷清平家里上有年岁已高常年多病的父母，下有两个读书的孩子，繁重的家庭负担让他整日眉

"羊别墅"

头紧锁，唉声叹气。正当他一筹莫展时，当地畜牧技术人员来到家中，发动引导他依托资源优势饲养黄羊。雷清平经深思熟虑，不仅同意养羊，而且做出了从铁坪村一社搬到二社这个令家人都费解的决定。

2010年2月，雷清平离开生活多年的老家，在铁坪村二社黄草坪（小地名）以3000元购买了4间闲置的农房，利用草山草坡饲养南江黄羊17只。经过不断发展，雷清平通过养羊走出了困境，养羊年收入在4万多元，加上2多万元的药材山果收入，年收入达到6万多元，成为远近闻名的养羊致富人。生活得到改善后，雷清平断然否定了家人建新居的想法，坚持先建羊舍。2014年5月，一栋建筑面积达260平方米的"羊别墅"拔地而起，80余只膘肥体壮的黄羊搬进了"新家"。

"看来这家是搬对了，在家养羊既能顾家又能致富，比打工都强。"雷清平逢人便讲，"我建好了羊圈，羊儿长得很好，估计今年又是一个丰收年。下一步将顺应家人意愿，利用养羊收入修房造屋，以便更好地在这里安居乐业。"勤劳朴实、不乏睿智的雷清平站在充满生机、孕育希望的山头，看得很高很远。

有志青年乐当羊倌

说到羊倌，大家联想到的会是一个衣着朴素，头戴草帽子，留有白胡子，手攥羊鞭子，腰系盐袋子，能唱山歌子的老者。然而，在桥亭乡龙门村有这样两位20多岁的青年养羊人，他们来自巴州化成，哥哥叫张亮，弟弟叫张飞。

兄弟俩为何离开家乡，跋山涉水从巴州化成来到桥亭养殖南江黄羊，还得在一年前寻找答案。张亮、张飞高中毕业后在巴中城从事汽车营销业务，收入不菲。一天，张亮在浏览网页时，看到养殖南江黄羊有很好的市场前景，是创业致富的好门路。2014年2月的一天，张亮抱着半信半疑的态度，邀约堂弟张飞进行实地考察。考察中，兄弟俩在了解到南江黄羊确为增收致富项目的同时，也被桥亭乡龙门村如画的风景、良好的生态环境所吸引。他们认为只要能吃苦、肯付出、有韧劲，在这里不仅同样能获

羊群日盛

得丰厚的收入，而且还远离了钢筋水泥森林，于是兄弟俩一拍即合转行养羊。

2014年3月，兄弟俩携妻带子来到了桥亭乡龙门村。他们在当地党委政府和村社干部的帮助下，租下5000亩荒山，建起了300余平方米的标准化羊舍，首批购买南江黄羊以及种羊70只，踏上了他们的养羊之路。他们计划一年内饲养量达到200只，两年后实现出栏南江黄羊300只，年创利润30万元。"养羊不管多辛苦，我们也一定要闯出一条致富路，"张亮坚定地说。

"我失手足是天命难违，吾靠政策沾党恩难忘"

提起这养羊人不得不说说住在南江县南江镇桃红村，今年43岁的钟友华。走进他家，赫然出现在眼前的就是标题中的那副对联，这对联后面还尘封着一段往事。

钟友华是地道的南江人，在他青年时期，由于南江地偏交通不便，在南江当地农村很难谋得生活之路，所以许多钟友华同龄的人都出去打工

钟友华

钟友华打扫羊圈

去了。但是钟友华天生残疾，两只手各都只有一个手指，又少了一条腿，不能够外出打工，务农也困难，所以生活十分艰苦，住的房子不避风遮雨，吃得也是饱一顿饿一顿，为了改善生活，钟友华慢慢寻思着致富之法，终于想出了养羊这个法子。在当地畜牧局的支持下，他有了自己的几只羊。"刚开始养的这些羊是一些白羊、麻羊、黑羊。"钟友华说，虽然那个时候养羊能够赚到一些钱，但是由于这些杂羊价值不高，饲养不便，每年最多只能够赚300多块。后来，他发现南江黄羊的价格接近普通杂羊的两倍，又有品种优势，便去借别人的黄羊来养。发展到有4只黄羊的时候，他便着重养殖培育黄羊。鼎盛时期，他的羊舍里面有60多只黄羊，一年的收入接近两万元。

现在，钟友华脱离了贫困，也有了幸福的家庭，在当地政府的帮助下还装上了义肢。别看他手脚不便，这追羊儿，爬山上树，身手都矫健得很，成了南江远近闻名的人物。

走在他乡的南江黄羊

四川南江黄羊原种场（原南江县北极种畜场），自1955年开始筹建到1963年建成以来，一直以养羊生产和优良山羊品种繁殖推广为主，坚持南江黄羊新品种选育。同时，向全国28个省和省内80余个县（市）累计推广种羊近20万只，对各地山羊改良和肉山羊生产发展，发挥了积极作用。

元顶子牧场地处巴南交界处的低中山区，总面积25618亩，其中放牧面积15000亩，现全场总人口305人，南江黄羊选育群17个，形成每年向外提供种羊1500余只的生产规模。元顶子为农垦企业场，自20世纪50年代初建场以来，一直实行"以牧为主，多种经营"的方针，不仅坚持南江黄羊育种，而且已形成了以羊为主，茶牧结合的产业，生产出了"云顶茗兰"等优质茶叶产品。

美味南江黄羊

南江县地处秦巴山区的大巴山南麓，是一个典型的山区县。境内山峦起伏，万壑分流。南江属于北亚带温暖湿润季风气候类型区，低山区及海拔800米以下地带，常年四季分明，雨量充沛。而中山区

吃草长膘

及海拔800~1000米的地带，气候阴凉，春迟秋早，夏冬长。北部的中山区到1400米海拔以上的地带，气候阴冷潮湿，春秋相连，冬长无夏，降水量偏高且分布不均。由于雨水充沛、气温变化不大，光照又好，有利于各种粮食作物、经济作物、饲草作物、林果和各种动植物的生长，为农牧业发展提供了良好的条件。

勤劳的南江人民传承了古人的智慧，利用这些物产，做出了许多独特的美味。别致的山景美味与南江充满魅力的风土人情紧密地融合在一起，让人体验到别样的情怀。

美味南江黄羊

"喝的山泉水，吃的百草药"，这是南江黄羊的真实写照。得益于南江丰富的植物资源和天然无污染的自然环境，南江黄羊可谓是生活质量最好的山羊，也算得上是最为绿色的山羊。

黄羊美食评选活动

山中篝火

南江黄羊是通过几十年艰辛选育而成的新品种，其选育初衷就是培育出口感好、产肉多的肉羊，加上南江人的精心养殖和优良的培育环境，使其肉质独具特色。总的说来，南江黄羊肉质具有瘦肉多、肌纤维细嫩、脂肪少、味美多汁、膻味极轻、适口性极佳、易于消化吸收的特点。其肉质的整体水平优于其他山羊种类，适宜用来制作各类羊肉菜肴。

南江黄羊的烹饪方法很多，而南江人又因对南江黄羊美食具有独特爱好，对南江黄羊的美食搭配进行了精心的调试，形成了超过28道最具特色的南江黄羊菜品。这些菜品包括芙蓉黄羊肉、炸羊排、烩羊肉、红烧黄羊肉、羔烧黄羊肉、淮杞炖黄羊肉、蚝油靠羊腿、桂花黄羊肉、手抓黄羊肉、汽水黄羊肉、面疙瘩烧黄羊肉、椒盐脆皮黄羊肉、光雾山珍扣全羊等，糅合了煎、炸、炒、焗、炖等各类做法，再搭配南江本地的特色农产品，独具一番风味。如乡村黄羊汤，加入本地白萝卜、党参、大料、香葱、鸡汤等慢慢炖煮，其品相虽不及其他菜品，但加入了不少本地山珍，又辅以鸡汤、鲫鱼调味，突出了乡村饮食文化特色，味鲜香而不辣燥，入鲫鱼熬煮，汤味更为淳厚鲜美。

国际友人称赞黄羊美食

烤全羊

南江黄羊美食能够调动您的味觉器官，烤全羊更能够调动您的整个大脑，这是南江黄羊食系的精髓所在。南江黄羊肉质鲜嫩可口，膻味较轻，适口性极佳，而且南江烤全羊多由经验丰富的老师傅掌火，外酥里嫩，恰到火候，多一分少一分都不行。此外，南江烤全羊最能显现出来本地的人文风情，客人既食美食，又心情愉快。

要体验到正宗的南江烤全羊，光雾山上的农家小馆不容错过。您还未品尝到美食时，老师傅早已架好了烤架，澄澈的空气中开始慢慢飘出烤羊肉的香味。老板娘端出一些野菜给大伙儿解解馋，但闻着烤羊肉的香味，心里直挠痒痒，一群人围着老师傅问这问那，巴不得快点吃上全羊。在催促声中，全羊终于烤好了，戴上老板娘发的手套，大家去烤架上剥下一两块肉来吃。待大家围坐在如流水席般的大桌上时，不仅是全羊，光雾仙山上的各类山珍野味都呈现在您的眼里，让您应接不暇。围着大桌坐好之后，端起老板娘自家酿制的蜂蜜酒，一口下去，满满地一嘴香甜，再夹点儿野菜，清香扑鼻，大口咬一口肉，香嫩酥软，吃到最后不知道满嘴是什么香，酒香、野菜香、羊肉香都混合在一起，浸润着味蕾，直入脑髓。

品尝南江烤全羊似乎就是体验人生，从等待到忙碌再到人生的高潮，最后平静离场，知己几多，把酒言欢，万物之造化，心胸之豁达，心中涌出无限的感慨。

全羊宴

159

椒盐脆皮黄羊

主料： 精羊肉、韭黄、香菜、茄子。

调料： 盐、白糖、味精、鸡精、姜、蒜、酱油。

制作方法：

（1）肉剁细；

（2）加入调料制成羊肉馅；

（3）加入茄片制成茄饼；

（4）脆皮浆炸制；

（5）撒椒盐装盘。

特点： 外酥内嫩，羊肉香味浓郁。

山珍扣全羊

主料： 羊肋条肉、香菇、青冈菌、羊肾、羊杂。

调料： 盐、味精、鸡精、鸡油、胡椒、党参、枸杞、大枣、当归。

制作方法：

（1）粗加工；

（2）水发菌类；

（3）装碗蒸制；

（4）注入清汤（枸杞、大枣）。

特点： 羊肉香味浓厚、菌类清香可口。

滋补黄羊汤锅

主料：带骨羊肉。

辅料：萝卜、鲫鱼、母鸡

调料：黄芪、当归、胡椒、鸡
精、味精、香菜、精盐。

制作方法：

（1）羊肉洗净焯水；

（2）下锅加入调料，鲫鱼、
母鸡用纱布包好一同小火煨熟透；

（3）羊肉七成熟时，加入萝卜，加调料调味；

（4）出锅上桌时，撒上香菜食用即可。

特点：味鲜营养、补血保肝。

滋补全羊汤煲

主料：黄羊2500g、羊杂600g。

辅料：萝卜200g。

调料：生姜50g、大蒜50g、葱30g，党
参、淮山、当归适量、色拉油适量。

制作方法：

（1）带皮羊肉烧洗干净，焯水捞出；

（2）加适量生姜、葱煮熟，去骨切片；

（3）羊杂洗净煮熟，萝卜切块煮熟；

（4）色拉油适量烧至五成熟，加适量大蒜、生姜爆香；

（5）加入高汤烧沸，放入羊肉、羊杂、萝卜及其他调料；

（6）调味装锅。

特点：汤味淳厚、营养丰富。

羊从口入，病从口出

南江黄羊蛋白质含量高并具有人体必需的氨基酸。此外，南江黄羊还具有一定的保健作用，常食用可增强体质，使人精力充沛，延年益寿。

经科学分析，南江黄羊肉具有"三高两低"的特点，即蛋白质含量高、热能值高、氨基酸含量高，胆固醇和脂肪含量低，且肌纤维细，色泽红润，膻味极轻，是典型的有机食品、绿色食品、健康食品、长寿佳品。

所谓"求医不如求己"，食疗已成为当今的潮流，既方便，又安全有效，而黄羊肉性温热，补气滋阴、暖中补虚、开胃健力，是食补食疗的佳品。针对不同的保健作用，以下列举一些常用的选方。

1. 春盎面

补虚益肾，强身延年。

需黄羊肉、羊肚、羊肺各50g，条面100g，鸡蛋2枚，生姜3片，韭黄25g，鲜蘑菇25g，胡椒面、盐、醋各少许。

将羊三件切丝，鸡蛋摊饼切丝，然后与姜、韭黄（末）、蘑菇共煮熟，下条面煮熟，加其他调料食用。

2. 小米羊胎粥

补肾益气，止咳喘，健腰膝。

小米50g，黄羊胎1只，先煮羊胎至半熟；后入小米熬成粥，粥肉同食，日用2次。

3. 羊肉乌发美容汤

滋肝补肾，治脱发早白。

黄羊肉500g、黄羊头1个、黄羊骨500g、熟地3g、淮山药3g、丹皮1.5g、枣皮2g、泽泻1.5g、当归1g、红花1g、天麻1.5g、制首乌5g、菟丝子

3g、侧柏叶1g、黑豆5g、黑芝麻5g、核桃仁3g。

先将羊头、羊骨打成碎块，羊肉洗净，入沸水锅内，汆去血水，同羊骨、羊头块同放入锅内（羊骨垫底）。再将以上药物用纱布袋装好扎口，入锅，并放入葱、姜和白胡椒，加适量清水。然后先用武火炖1.5小时，改用文火半小时，留心加水待羊肉炖至熟透即成。将药包捞出。服用时，加味精、盐、调料。吃肉喝汤，每天早晚各1次。

4. 枸杞羊肉粥

适用于肾虚劳损、阳气不足所致腰脊疼痛，头晕耳鸣、听力减退、尿频等。

枸杞叶250g，黄羊肾1个，黄羊肉100g，大米100~150g，葱白少量，食盐少许。

将新鲜羊肾剖洗干净，去内膜，切丁。把羊肉洗净切碎，枸杞煎汁去渣，同羊肾、羊肉、葱白、大米一起煮粥。待粥成后加入细盐少许，稍煮即可。

5. 核桃黄羊粥

温补肾阳，适合阴虚怕冷者食用。

核桃仁10g，黄羊肉100g，羊肾1对，大米100g，葱、姜、盐等调味品适量。

先将羊肉洗净，切细，羊肾剖开，去筋膜，切细。再取大米煮沸，放入羊肉、羊肾、核桃仁。煮至粥熟后，加入适量葱、姜、盐等调味品，即可食用。

6. 杞子炖黄羊脑

补肝肾，益脑安神，强身。适用于肝血虚所致的头痛、头晕、癫痫等症。

枸杞子50g，黄羊脑1具，食盐、葱、姜、料酒、味精适量。

将枸杞子、羊脑洗净（注意别弄破羊脑），放入铝锅内，加水适量，放食盐、葱、姜、料酒，隔水炖熟，每日两次，佐餐食。

7. 当归生姜羊肉汤

补虚劳，益中气。

黄羊鲜肉500g。入沸烫挥切小块，当归50g、生姜5g切片。

将肉、当归、生姜放锅内，加水旺火烧开，去浮，用火炖烂即可。

8. 羊肺汤

补肺气，调水道。

黄羊肺1具，将杏仁、柿霜、绿豆、淀粉、酥油各50g，白蜜30g和匀。

将以上食材经气管灌入羊肺中，扎紧气管口，入锅煮熟。

味蕾上的休闲时光

若您身不在南江，但是也可以尝到南江独特的美食风味，这便是黄羊休闲食品。黄羊休闲食品主要是以南江黄羊为主料，辅以佐料再加以精心

黄羊系列休闲食品

加工而成。四川南江隆兴食品有限公司是这些休闲食品的制造商，同时也是目前国内唯一一家以南江黄羊肉作为原料生产休闲、冷鲜食品的加工企业。

南江黄羊休闲食品包括手撕羊肉、琥珀羊肉、山椒羊肉、金丝羊肉、灯影羊肉、酱卤羊肉等。其选材皆为上等南江黄羊肉，制作方法各有妙处。手撕羊肉用料考究、风味浓郁，可谓休闲佳品；琥珀羊肉晶莹剔透、原汁原味、口感独特；山椒羊肉精心腌制、椒香浓郁、辣而不燥；金丝羊肉香辣适度、丝丝爽滑、入口即化；灯影羊肉灯照透亮、香脆可口、入口化渣、食而不腻；酱卤羊肉秘方卤制、色泽红亮、回味悠长。

周末出游、办公加餐，南江黄羊休闲食品都是您可选择的良品，既美味，又营养健康。而精装的南江黄羊包含各种味道，馈赠亲友极佳，既可以触动味蕾，又可以体验到一丝南江民俗风情。

风情羊村

　　风情羊村是南江县计划开发的羊主题生态度假乐园，其主题为"高山乐土、风情羊村"。这个旅游项目以羊为核心，将南江所传承的古巴蜀文化淋漓尽致地表现出来，包括民俗文化、狩猎文化、宗教文化和山歌文化等带有独特地域特征的文化现象。通过建筑、雕塑、生活器具、表演等形式表现出来。另外，风情羊村靠近国家级风景区光雾山，将本土文化与旅游美食文化等结合，使得人们感受到一股独特的巴山风情。

　　风情羊村项目位于杨坝镇罐坝村，罐坝村距离光雾山最重要的风景区十八月潭景区约5公里左右，规划区域海拔为1100~1400米。其间牧场广阔，是放牧南江黄羊的优选之地。从罐坝村可看到光雾山最高峰，若隐若

梨花院落(特色农家乐)

罐塘明月美食街

羊公馆

169

罐塘明月

群羊下山

水上浮动舞台

美食街夜景

现在云雾中，天气晴朗时，可清晰地看到光雾山主峰的轮廓，宛如仙宫一般。到风情羊村项目建成之时，可一边体验羊主题的古巴蜀文化村落，一边欣赏光雾山的极致美景。

风情羊村的南江黄羊体验依附在南江黄羊产业链的每一个环节中。

陶醉于高山牧场

罐坝村的森林草地资源丰富，山坡土地广阔，若游玩于其间，能感受到满山翠绿的春色，鲜嫩的牧草就像翡翠一般披在崇山峻岭和丘壑之上。满山遍野的野花香气宜人，令人目不暇接、心旷神怡；夏季鸡鸣犬吠，炊烟袅绕，荷花映月，高山气候清爽，山间流水潺潺，百鸟齐鸣；秋季天高气爽，硕果满枝，尤其是那满山的红叶更是引人遐想，感觉处于一片红色的海洋之中，让人热血沸腾，田间一片金黄，山间似一副神奇的山水画卷，令人神往；冬日白雪皑皑，高山宁静，落叶铺满一地，此时烹煮黄羊，吃着农家饭，尝着山间野味，对酒当歌，吟诗作画，享受着内心的平静与宽广，体味一番人生雅趣。

日用器具

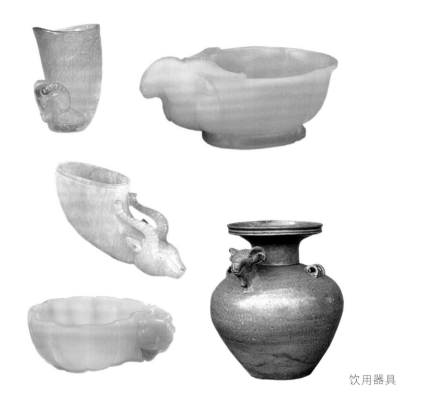

饮用器具

感动于黄羊精神

在风情羊村，有专门的黄羊养殖技术展示厅，向人们展示关于黄羊育种养殖的艰辛。另外，还可见牧羊人赶着一群黄羊在山坡上吃草，或是让您自己当一回羊倌，体验牧羊人的生活，拉近与黄羊的感情。

眷恋于黄羊美食

风情羊村的餐馆提供各类黄羊美食。罐坝村当地所产的土特产、农产品很多，还有天麻等药用植物，配合着黄羊多样化的烹饪方法，做出一道道各具农家味的美食和黄羊美味。当然，在风景宜人的山间来一次烤全羊是黄羊美食的顶级体验。若是怀念黄羊美味，还可买到黄羊的加工产品，风味独特。

嬉戏于黄羊之趣

古巴蜀地带狩猎盛行，风情羊村依然可以带您进入那个野性的时代，来一场真正的狩猎盛宴。此外，古代有羊拉车的风俗习惯，主要是用于拉刚出生不久的婴儿，羊车算是古时的婴儿车。羊村也有羊拉车的项目，不仅如此，还有着黄羊的趣味表演与比赛，别有一番风趣。

沉醉于黄羊文化

在风情羊村，所用的器皿和村里的陈设许多都是借用黄羊的形态，农家房舍借用独具地方特色的建筑特点，点缀上古巴蜀人的特色建材石瓦，将吊脚楼、吊桥等都运用于建筑中，并建了新的羊公馆，可让人进一步了解到黄羊文化。

风情羊村虽然还未建成，但其将黄羊主题文化发扬到极致，配合着光雾仙山的美景，既可领略黄羊文化的精髓，又可体验到古巴蜀的人文情怀，还可以放开心胸体味大自然的神奇造化，让人十分神往。

光雾山景区示意图 Schematic scenic mountain mist

175

后　记

　　这是一方可供灵魂歇脚的热土。在这里，山清、水秀、天蓝、草美。怀揣着一颗温润之心，在一柱峰、一泓水、一片草、一群羊中静静地寻找，寻找的过程是一次与先哲对话、与自然交流的心灵体验。高山牧场、生态旅游、绿色海洋，宁静、清闲、悠扬、纯美，一切尽在其中。站在青青的牧场上，呼吸着青草的芳香，一片金色的羊群净收眼底。好一幅人、自然与动物的和谐画面。一年四季，这里都有最美、最别致的风光及醉人的佳境。三五好友带上全家，在享受如此美景的同时，再品一盘烤得外酥里嫩的南江黄羊，你会不禁赞道：美哉，光雾山！美哉，南江黄羊！

　　"天地有大美而不言。"南江有着太多令人着迷的地方，超乎寻常的美、无以言尽的妙。从雄奇壮美的光雾山，到跑满南江黄羊的高山牧场，身临其境，文人墨客、政要雅士，无不为之抒怀言志。

　　我们集结这本册子，就是想让更多的人走进南江，享受自然与原生态的回归与展现，使你畅游自然山水，探访风土人情，品味南江黄羊，感悟革命情怀，品味与现代都市不一样的生活韵味和文化氛围。

　　在南江县委、县政府的领导和关心下，得益于南江县委宣传部、县文广新局、县旅游局、县林业局、县畜牧食品局、县志办等单位的大力支持和帮助，以及各界仁人志士提供的素材，本书才得以顺利付梓。在此一并感谢。

　　由于时间仓促，水平有限，错误之处在所难免，敬请批评指正。

编　者